卓越系列·21世纪高职高专精品规划教材

五年制学前教育专业

数　　学

（下册）

王金娥　主编

U0217957

天津大学出版社
TIANJIN UNIVERSITY PRESS

内 容 提 要

　　本书分为上、下两册,涵盖了幼儿园、小学、初中数学的全部内容以及部分高中数学的内容.全书由4部分共17章构成,包括数与集合、代数与函数、量与几何、概率统计与简易逻辑.各部分的内容从幼儿园中涉及的数学知识开始逐渐拓展到小学、初中、高中的数学知识,以基础知识为主,覆盖面广、体系完整.

　　本书不仅可作为高职高专学校数学课程的教材,还适合于幼儿园教师、初级数学爱好者阅读,有利于补充读者在数学领域中欠缺的基础知识.

图书在版编目(CIP)数据

　　数学.下／王金娥主编.—天津:天津大学出版社,2014.5(2020.8重印)
(卓越系列)
　　21世纪高职高专精品规划教材.五年制学前教育专业
　　ISBN 978－7－5618－5056－5

　　Ⅰ.①数…　　Ⅱ.①王…　　Ⅲ.①高等数学—高等职业教育—教材　　Ⅳ.①013

　　中国版本图书馆CIP数据核字(2014)第093326号

出版发行	天津大学出版社
地　　址	天津市卫津路92号天津大学内(邮编:300072)
电　　话	发行部:022－27403647
网　　址	www.tjupress.com.cn
印　　刷	北京建宏印刷有限公司
经　　销	全国各地新华书店
开　　本	185mm×260mm
印　　张	10.75
字　　数	268千字
版　　次	2014年7月第1版
印　　次	2020年8月第3次
定　　价	29.00元

本书编委会

主　编　王金娥　黑龙江幼儿师范高等专科学校

参　编　（按姓氏笔画排序）

于洪波　黑龙江幼儿师范高等专科学校

卢华栋　黑龙江幼儿师范高等专科学校

闫　玲　黑龙江幼儿师范高等专科学校

李　宏　黑龙江幼儿师范高等专科学校

李海波　黑龙江幼儿师范高等专科学校

杨晓华　黑龙江幼儿师范高等专科学校

周　超　黑龙江幼儿师范高等专科学校

徐镇红　黑龙江幼儿师范高等专科学校

前　言

随着社会的进步、科技的发展,国际的竞争已经逐渐形成以科技为主的多元化趋势,世界各国也越来越重视教育. 1997—2007 年时任英国首相布莱尔执政期间,英国先后出台了多项学前教育改革政策,应对其学前教育发展、教育改革乃至社会发展的困境与危机. 其中最重要的学前教育改革政策有 1998 年制定的"确保开端"计划、2003 年制定的"每个孩子都重要"规划、2004 年制定的"儿童保育十年战略"及 2005 年制定的"早期奠基阶段",它们极大地推动了英国学前教育的改革与发展。而我国早在 2001 年就颁布了《幼儿园教育指导纲要》,2010 年颁布了《国家中长期教育改革和发展规划纲要》,随后又出台了《国务院关于当前发展学前教育的若干意见》,可见我国对学前教育的重视程度.

本书是作者所在数学教研室的全体教师在长期对黑龙江幼儿师范高等专科学校数学课程教学进行改革的基础上编写而成的,是以学前教育中涉及的数学知识为蓝本,以生活中的数学应用为切入点,以 4 部分——数与集合、代数与函数、量与几何、概率统计与简易逻辑为出发点. 各部分的内容以整合小学、初中数学内容为主,以幼儿园数学知识为辅,适当增加高中数学知识.

本书内容以基础为主,覆盖面广、体系完整,不仅可作为高职高专学校数学课程的教材,还适合于幼儿园教师阅读,有利于补充读者在数学领域中欠缺的基础知识.

在本书编写的过程中,黑龙江幼儿师范高等专科学校王金娥任主编并负责策划、统稿,且编写了第 2 章、第 3 章、第 4 章;黑龙江幼儿师范高等专科学校于洪波负责第 6 章、第 7 章、第 8 章的编写工作;黑龙江幼儿师范高等专科学校卢华栋负责第 13 章、第 17 章的编写工作;黑龙江幼儿师范高等专科学校闫玲负责第 1 章、第 5 章的编写工作;黑龙江幼儿师范高等专科学校李宏负责第 11 章、第 12 章前 3 节的编写工作;黑龙江幼儿师范高等专科学校李海波负责第 15 章、第 16 章的编写工作;黑龙江幼儿师范高等专科学校杨晓华负责第 12 章后 4 节的编写工作;黑龙江幼儿师范高等专科学校周超负责第 14 章的编写工作;黑龙江幼儿师范高等专科学校徐镇红负责第 9 章、第 10 章的编写工作.

另外,在本书编写的过程中还得到了黑龙江幼儿师范高等专科学校教务处徐青处长的大力支持,也得到了牡丹江市幼教中心、教育实验幼儿园、未来之星幼儿园的园长和教师们的大力支持与帮助,在此一并感谢.

　　由于编者学识水平有限,且时间仓促,本书难免有不妥和不完善之处,编者将继续不断地修改,同时也恳请读者给予批评指正.

编者
2014 年 6 月

目　　录

第三部分　量与几何

第四部分　概率、统计与简易逻辑

第三部分　量与几何

人最早是从自然界得到各种几何形状的．月亮有时是圆形的，有时是镰刀形的；光线是直的，有的树木长得也很直．接着是人类造出了圆形和方形的各种器皿⋯⋯实践活动成了建立几何抽象概念的基础．

公元前 4 世纪，古希腊学者欧第姆斯曾写道："几何是埃及人发现的，从测量土地中产生的．因为尼罗河水泛滥，经常冲掉界线，所以这种测量对埃及人是必需的．这门科学和其他科学一样，是由人类的需要产生的，对于这一点没有什么可惊讶的．"

三千多年以前尼罗河经常泛滥，洪水冲走了庄稼、牲畜，给人们造成了极大的损失；但同时洪水也带来了丰富的有机肥，形成了沃土．洪水退后，各部族要重新测量、标记自己的土地，这就需要计算各种地形的面积．19 世纪由苏格兰考古学家莱因德在埃及发现的纸草书，被后人称为《莱因德纸草书》，其中就记载着许多计算土地面积的问题．几何学希腊文的原意是"测地术"，这说明了几何学来源于土地面积的测量．

在我国的《九章算术》一书中，也讲述了土地的测量．第一章"方田"，就是专门讲田亩面积的计算．"方"就是单位面积（如同现代所讲的一亩、一平方米等），"方田"就是计算一块田含有多少单位面积的方法．

在古代，测量土地的技术水平已达到了相当的高度．比如举世闻名的埃及金字塔，它们大多数是四千多年以前修建的．其中最著名的胡夫金字塔，高 146.6 米，底座是一个正方形，边长 230.35 米，面积约 53 061 平方米．胡夫金字塔虽然经历了四千多个春秋，塔顶都剥落了 10 多米，可是经过现代技术的测量，正方形底座的长度和角度计算都十分精确，平均误差仅为 1.52 厘米，说明古代测量技术之高．

几何学发展到今天，已经不单单是测地学了．几何学是专门研究空间各种图形的性质及相互关系的一门科学．科学和技术的发展都离不开几何学．

第 11 章　量

量(liàng)起源于量(liáng)，即量是由于测量的需要而产生的．在测量中，需要把一个量与另一个作为标准的同类量进行比较，这个比较过程叫作计量．计量是一种特殊形式的测量．计量，过去在我国称为度量衡，在 20 世纪 50 年代以后，才逐渐以"计量"取代"度量衡"这一称谓。沿用了两千多年的度量衡，其原始含义为长度、容积、重量的计量，主要器具为尺、斗、秤．随着社会的发展，其含义亦在不断变化和发展，可以说，计量是度量衡的发展；也可以说，计量是现代度量衡。显然，"计量"比"度量衡"更确切、更广泛、更科学．

从概念上说，计量学是关于测量理论与实践的知识领域．换句话说，有关测量的一切，都是计量学研究的对象，都包含于计量学之中．计量是量值准确一致的测量．如何才能使量值准确一致，那就需要有公认、约定或法定的计量单位、计量器具、计量人员、计量检定系统(旧称量值传递系统)、检定规程等．

计量对人民生活的意义是相当明显的．可以说，人的一切活动都与计量有关．商品生产和交换，是当代社会的一个特点．生产过程中计量测试的作用前面已经提到，而交换对人民生活则更加敏感，它直接触及人们的切身利益．比如，日常买卖中的计量器具是否准确，家用电度表、煤气表和水表是否合格，公共交通的时刻表是否准确，都会对人民的生活产生一定的影响．

粮食是生活的必需品，任何人都离不开它，粮食的质量直接关系到人们的健康．在粮食的生产过程中，施化肥可以增产，喷农药可以除虫．但化肥和农药大多对人体有害，必须控制在一定的剂量之内，否则将会导致积累性中毒，造成严重的后果．食品的保鲜，是人们越来越关注的一个问题．医学界已经证明，粮食及粮食制品发霉变质会产生黄曲霉素，人和动物食用后便容易致癌．另外，食品在加工过程中，往往要加入一些添加剂，如色素、味剂、防腐剂等，都必须经过鉴定和计量，否则也会导致不良的后果，从而危害人们的健康．所以，粮食及粮食制品在生产、贮存和加工等过程中，都离不开计量测试．

近年来，随着城市的迅速发展，各种污染日趋严重，几乎成了一种难以根除的公害．世界各国，特别是工业比较发达的国家，对环境保护工作都给予了高度的重视．其中关健的一环，就是进行有效的监测，诸如对大气、水质以及噪声等的监测．当前，北京的机动车辆造成的城市噪声污染相当严重.为减小噪声，一些国家对汽车的降噪程度作了明文规定，不合格的不准行驶．目前，世界上许多的大城市，为减少噪声污染，大都有不准机动车鸣笛的禁令．我国的一些大城市，也都相继作出了机动车不准在市区或部分街道鸣笛的规定．北京市的环保部门曾组织计量工作人员对各交通要道的噪声进行了现场测试，并根据测试结果报请市人民政府作出了拖拉机、载重汽车不准进入城内等规定．

至于水和空气对人的重要性，是不言而喻的．对人口的社会调查表明，一些水质良好、空气新鲜的地区，特别是山区，人们的平均寿命较长；相反，水质不好、空气污染严重的地区，人们的发病率较高，寿命普遍偏低．近年来，通过对空气的计量测试，发现当空气中的负离子浓度较大时，空气便格外新鲜，对人体具有一定的医疗保健作用．这也是往往将疗养所、保健院建于林区或海滨、湖畔的原因之一.

在医疗卫生方面,计量测试的作用亦越来越明显.现代医学对疾病的预防、诊断和治疗,都离不开计量测试.比如,测量体温、血压,作心电图、脑电图以及各种化验等,皆是常见的计量测试.测量和化验的数据不准,将会导致严重的后果.

11.1 量的常识

在日常生活中,总会听到长 3 米、宽 2 米、面积 25 平方米、重 6 斤、用了 2 个小时等话语,那么现在老师让你在一段细绳上剪出 20 厘米长的一段,你能告诉老师如何来做吗?

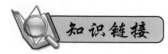

在生产和生活中,人们经常需要测量物体的长度、土地的面积,称物体的质量,计算劳动的时间等.长度、面积、质量、时间、温度、电流等都是量,量是事物存在的规模和发展的速度,所有的量都可以用一定的单位来计量,并用数表示出来.

一、量的相关概念

量物体时用来作为标准的量叫计量单位.如:平方米是计量面积的计量单位,立方米是计量体积的计量单位.我国现在采用的法定计量单位与国际上通用的计量单位一致.

计量时所用到的仪器和工具叫计量器具.如:米尺、天平、台秤等.

当用一个计量单位去计量某一个量时,得到的这个量所包含计量单位的多少叫作这个量对于这个计量单位的量数.同一个量,用不同的计量单位来计量,所得的量数一般也不同.例如:小明的身高以厘米作计量单位,它的量数是 140,如果以米作计量单位,它的量数是 1.4.

表示一个量的大小的计量单位和数值叫量值.如:一个平行四边形的面积是 5 平方分米.

事物的多少叫数量.如:5 本书,6 块橡皮.

在我国古代,计量长度称度,计量容积称量,计量质量称衡.

计量物体质量的器具称为衡器.

二、计量单位

用于表示与其相比较的同种量的大小的约定定义和采用的特定量叫作计量单位.

计量时经常使用的单位叫主单位.如:长度单位通常用米.辅助单位是指除了主单位外,运用的其他单位.如:长度单位除了米以外,还常用到千米、分米、厘米、毫米、微米等.

那么常用的计量单位有哪些呢?

(1)市制

市制是一种计量制度,是以国际公制为基础,结合我国劳动人民习惯而采用的计量单位.

它的长度单位有市尺、市丈、市里、市寸、市分；质量单位有市斤、市担、市两、市钱、市分等；容量的主单位是市升．市制也叫市用制．

（2）公制

公制是国际公制的简称，也叫米制．它以长度单位米、质量单位千克为基本单位．如：千克在国际公制中被定为国际单位．

（3）英制

英制是英美制定的长度单位．如：1 英尺＝12 英寸．

计量单位的名字叫单位名称．如：时间的单位名称为时、分、秒；质量的单位名称为吨、千克等．

在同类计量单位中，较大的计量单位是高级单位，较小的计量单位是低级单位．高级单位与低级单位是相对的，是相比较而言的．如：千克对于吨就是低级单位，而千克对于克则是高级单位；米对于千米是低级单位，而米对于厘米则是高级单位．

三、名数的概念

（1）名数

计量的结果，要用数来表示，并且还要带上单位名称，通常把它们合起来叫名数．如："3 千克"中，"3"是数，"千克"是单位名称，"3 千克"是名数．

（2）不名数

不带单位的数量叫不名数．如：5，2，$\frac{1}{4}$ 等．

（3）单名数与复名数

仅带有一个单位名称的名数，叫单名数．如：5 米、3 吨、7 平方米等．带有两个或两个以上单位名称的名称，叫复名数．如 1 吨 50 千克、3 分 40 秒、1 元 3 角 5 分等．

含有相邻的两个计量单位之间是非十进率的复名数，叫作非十进复名数．如：3 分 30 秒、5 吨 30 千克等．

如果相邻的两个计量单位之间的进率是十，那么含有这样计量单位名称的复名数就叫作十进复名数．如：3 米 4 分米、2 元 5 角等．

（4）同名数与异名数

几个计量单位名称相同的名数叫同名数．如：黑板长 3 米、宽 2 米．

几个计量单位名称不相同的名数叫异名数．如：3 吨、5 千克等．

四、进率及换算方法

（1）进率

同类的计量单位之间，用较小的单位计量时，累积若干个低级单位的数量就可以构成一个高级单位的数量．这样表示 1 个高级单位等于多少个低级单位的数叫作这两个单位之间的进率．如：1 米＝10 分米、1 分米＝10 厘米、1 厘米＝10 毫米，它们相邻两个单位之间的进率是十．

（2）换算

把用某种计量制度表示的量，按照一定的比率折合成另一种计量制度表示的量，叫换算．

如:公制兑市制的换算,人民币兑美元的换算等．单位间进行换算的进率叫换算率．

把高级单位的单名数或者复名数化成低级单位的单名数的方法,叫作化法．把高级单位的名数化成低级单位的名数,通常用高级单位的数乘进率．即高级单位的数×进率＝低级单位的数．

1)把高级单位的单名数化成低级单位的单名数．通常用高级单位的数乘进率．如:把5平方米化成以平方分米为单位的名数,就用5乘100平方分米,等于500平方分米,所以5平方米＝500平方分米．

2)把高级单位的复名数化成低级单位的单名数．通常是用高级单位的数去乘进率,再加上低级单位的数．如:把3平方米5平方分米化成以平方分米为单位的名数,就用3去乘100平方分米,再加上5平方分米,等于305平方分米,所以3平方米5平方分米＝305平方分米．

把低级单位的名数聚成高级单位的单名数或者复名数的方法,叫作聚法．通常是用进率去除低级单位的数,如果能整除就得单名数,如果有余数就得复名数．如:要把50 000千克聚成吨,就用1 000去除50 000(即50 000除以1 000),等于50吨,所以50 000千克＝50吨;要把56分米聚成复名数,就用10去除56,得5米余6分米,所以56分米＝5米6分米．

化法和聚法又叫名数的改写．在实际问题中,同一种量有不同单位的名数,常常需要进行名数的相互改写．把高级单位的名数改写成低级单位的名数乘进率,把低级单位的名数改写成高级单位的名数除以进率。如:3 080克＝( )千克( )克,因为3 080÷1 000＝3余80,所以3 080克＝(3)千克(80)克;3时20分＝( )分,结果为60×3＋20＝200分．

在改写名数时,为了简便,可以应用移动小数点引起数的大小变化的规律来进行改写．如:乘以进率1 000可看作小数点向右移动三位,除以进率100可看作小数点向左移动两位．

在进行名数改写前,要仔细观察等号两边的单位名称,确定是把高级单位改写成低级单位,还是把低级单位改写成高级单位,然后看是乘进率,还是除以进率．计算后,根据改写的互逆关系进行检验．

在( )中填上适当的计量单位．

(1)一本数学书厚度约6( )．

(2)长江大桥长约6 300( )．

(3)1瓶注射盐水容量是500( )．

(4)一个鸡蛋重约55( )．

(5)铅笔长约20( )．

(6)我国领土面积约960万( )．

(7)学校篮球架高是2( )．

根据实际生活中常用的计量器具以及对事物的认知,我们知道一本数学书厚度约6(毫米),长江大桥长约6 300(千米),1瓶注射盐水容量是500(毫升),一个鸡蛋重约55(克),铅笔长约20(厘米),我国领土面积约960万(平方公里),学校篮球架高是2(米)．

1. 在( )里填适当的单位:

(1)水杯高约1( ); (2)一枚邮票的面积是4( );

(3)跳绳长约2( ); (4)一个人一次能喝约500( )的水;

(5)小华腰围约60( ); (6)牙膏盒的体积约是40( );

(7)2.5( )>2.5( )>2.5( );

(8)30( )<30( )<30( )<30( ).

2. 选择题.

(1)小峰看到墨水瓶的包装盒上印有"净含量:60毫升"的字样.这个"60毫升"是指( ).

　　A. 墨水瓶的体积 　　B. 瓶内所装墨水的体积 　　C. 包装盒的体积

(2)教室的占地面积约为56( ).

　　A. 平方米 　　　　　B. 平方分米 　　　　C. 平方厘米

(3)一瓶酱油约为458( ).

　　A. 立方分米 　　　　B. 升 　　　　　C. 毫升 　　　　D. 立方厘米

(4)一枚2分硬币大约重1( ).

　　A. 千克 　　　　　B. 克 　　　　　C. 吨 　　　　D. 两

3. 在( )里填上适当的计量单位:

(1)一个篮球场占地420( ); (2)一支钢笔长约170( );

(3)小明爸爸的身高是170( ); (4)一块橡皮重25( );

(5)一个冬瓜重4( ); (6)学校操场长60( );

(7)教室占地面积约为48( ); (8)一个苹果重150( );

(9)一桶油重5( ); (10)一本字典厚5( ).

通过学习我们知道,要想剪出一段20厘米长的细绳,我们需要先用尺子去测量,然后再剪.

可以直接用数数的方法进行计数的量叫作不连续量,又叫离散量.如:一个班的人数,一个小组的人数都是不连续量.

不能直接用数数的方法进行计数的量叫作连续量.如:速度、时间等都是连续量.它的特点是从一种程度到另一种程度可以连续变化.

11.2　时　间

有一天,冬冬特别想外婆.因为明天就要休息,所以在放学后,他就央求妈妈带他去外婆家.于是妈妈就带冬冬乘汽车去往外婆家,她们下午 4 时出发,10 小时后到达.到达时他看到的景象可能是什么呢?

时间是指物质运动过程的持续性和顺序性.任何客观存在的物质,都持续一定的过程.如:太阳从升起到落下,人从出生到死亡等,这些过程的持续性,都是物质的时间属性.

由于时间总是与物质的运动变化相联系,所以时间具有流动性,总是连续不断地、均匀地流动着.另外,时间还具有不可逆性,过去的时间不会再回来.

时间是一种量,是可以测量的.人们利用物质运动的周期性作标准来测量时间.如现代科学规定,秒是不受外场干扰的铯 – 133 原子基态的两个超精细结构能级之间跃迁所对应辐射的 9 192 631 770 个周期的持续时间.一般把地球自转一周的时间叫一天,一天分为 24 小时,规定子夜零点为一天的起算时刻;地球绕太阳公转一周的时间叫一年,一年约 365 $\frac{1}{4}$ 天(日).时间指两个时刻之间的间隔.

一、时间单位

测定时间的多少所用的单位叫作时间单位.常用的时间单位有年、月、日、时、分、秒.

(1)时辰

时辰是旧时所用的时间(或计量时间)的单位.一昼夜可分为十二个时辰,一个时辰是现在的 2 小时.

(2)年

地球绕太阳公转一周的时间叫作一年,在历法中所用的回归年为 365.242 2 个太阳日或 365 天 5 时 48 分 46 秒.

(3)月

月是计算时间的单位,一年有 12 个月.公历 1 月、3 月、5 月、7 月、8 月、10 月、12 月,每月有 31 天;4 月、6 月、9 月、11 月,每月有 30 天;平年 2 月有 28 天,闰年 2 月有 29 天.

(4)日

日是计算时间的单位,指地球自转一周的时间,通常为一昼夜的时间.习惯上从午夜零时开始到第二天的午夜零时止,叫作一日.

(5)时

时是计算时间的单位,是指某一事物经过的时间.一日有 24 时.时也是指指针在钟面上所表示的时刻.

（6）分、秒

分是计算时间的单位,1 时 = 60 分. 秒也是计算时间的一种单位,1 分 = 60 秒.

（7）公元、世纪

国际通用的公元纪年,是大多数国家纪年的标准. 我国从 1949 年正式规定采用公元纪年.

一百年是一个世纪,例如:从公元 1900 年到 1999 年是 20 世纪,从公元 2000 年到 2099 年是 21 世纪. 每个世纪还可以分成十段,每段十年,这就是通常所说的 20 年代,30 年代……90 年代(通常不说 10 年代),例如:20 世纪 80 年代是指 1980 年到 1989 年这十年,20 世纪 90 年代是指 1990 年到 1999 年这十年.

（8）季度

一年有四个季度,1 ~ 3 月为第一季度,4 ~ 6 月是第二季度,7 ~ 9 月为第三季度,10 ~ 12 月是第四季度.

（9）旬

通常十天称为一旬,一个月分为上旬、中旬、下旬,每月的 1 ~ 10 日为上旬,11 ~ 20 日为中旬,21 日至月底为下旬.

（10）星期

古巴比伦人注意观测天体运行的情况,很早就能区别恒星、行星. 他们分别用日、月、火、水、木、金、土七个星球的名称来记日期,并把七天定为一周.“星期”就是星的日期. 今天我们把七天定为一星期,就来源于此.

二、时刻、时区、标准时区

（1）时刻

时间里的某一点叫作时刻. 例如,现在是 7 时 20 分,7 时 20 分就是时刻.

（2）时区

时区是把地球表面按经线分为 24 个区,故称时区,也是时间的一种.

（3）标准时区

在某一个地区共同使用的时间,称标准时区.

（4）时间与时刻的区别

“时刻”的单位名称一般用“时”表示,是指针在钟面上所表示的时刻. 例如,早上 6 时 30 分起床,晚上 8 时 30 分睡觉,6 时 30 分和 8 时 30 分都是指明某一确定的时间,即指当时是什么时间,就用“时”来表示,都是指时刻,“时刻”不仅可以从钟面上或表面上看出来,也可以由钟的报时听出来,因为它是指时候,所以不能表示某一段时间的长短,不能用来计算.

“时间”是指从某一个时刻(或日期)到另一个时刻(或日期)的间隔,也就是计算某一事物所经过的时间.“时间”的单位名称一般是“小时”,例如,上午 8 时 30 分上课,11 时 30 分放学,即在校的时间是 3 小时.“3 小时”指的是“时间”,是指这个上午在校的时间量是 180 分. 根据国家计量局颁布的《常用法定计量单位名称与符号简表》规定,中文名称“小时”的中文符号是“时”,所以在数学上描述经过时间所用的单位符号应当用“时”. 如:从 8

时 30 分到 11 时 30 分经过了 3 时.

由此可见,"时间"是指某一段时间,它是可以进行计算的,它的单位名称是"小时"(单位符号是"时"),为一种基数量词;而时刻的单位名称是"时",为一种序数量词.

三、时区的划分

(1)本初子午线

零度经线是计算东西经度的起点.1884 年国际经度会议决定用通过英国格林尼治的经线为本初子午线.1957 年后,格林尼治天文台迁移台址.1968 年国际上以国际协议原点作为地极原点,经度起点实际上不变.

(2)标准时

标准时是指同一标准时区内各地共同使用的时刻,一般用这个时区的中间一条子午线的时刻作标准,或指一个国家各地共同使用的时刻,一般以首都所在时区的标准时为准.我国的标准时(北京时间)就是东八时区的标准时,比以本初子午线为中线的零时区早 8 时.

(3)地方时

各地因经度不同,太阳经过各地子午线的时间也不同.把太阳正对某地子午线的时间定为该地中午 12 时,这样定出来的时间叫作地方时.

(4)北京时

北京时是我国通用的标准时间,是以东经 120°子午线为标准的时刻.

(5)世界时

世界时是以伦敦格林尼治天文台本初子午线为标准的时刻.

(6)夏令时

世界上许多国家为了节省照明电力,在夏季把时钟拨快 1 时或 2 时,即采用比区时提早 1 时或 2 时的时间,称为夏令时.我国从 1986 年开始实行过夏令时,1992 年停止使用.

四、历法

历法是以年、月、日等为计时单位,依照一定的法则用来计算较长时间的系统.主要分阳历、阴历和阴阳历三种.

历法利用天象变化的规律来计算时间、划分季节、判别气候,使人们的生活与生产活动都能够适时进行.

(1)阳历

阳历是现在国际通用的历法.一年 365 天,分为 12 个月,1、3、5、7、8、10、12 为大月,每月 31 天;4、6、9、11 为小月,每月 30 天;平年 2 月为 28 天,闰年 2 月为 29 天,所以闰年一年有 366 天.

(2)阴历

阴历以月亮绕地球一周的时间为一个月,大月 30 天,小月 29 天,12 个月为一年.阴历是我国过去通用的历法,俗称农历.农历根据太阳的位置,把一个太阳年分成 24 个节气,便于从事农业劳动.

(3)阴阳历

阴阳历是历法的一类,以月亮绕地球一周的时间为一个月,但设置闰月,使一年的平均天数跟太阳年的天数相符．我国的农历是阴阳历的一种．

(4)太阳历

太阳历是历法中的一种,是阳历的全称．太阳历是以地球绕太阳运行为依据的一种历法．

(5)夏历

阴历都要设置闰月,有闰月的年份全年是 383 或 384 天．又根据太阳的位置,把一年分为 24 个节气,便于从事农业劳动。这种历法相传始于夏朝,所以又称夏历,也称农历或旧历．

(6)闰年

1)公历年份不是整百数且能被 4 整除的是闰年．如 1760 年、1976 年、1980 年……

2)公历年份是整百数且能被 400 整除的是闰年．如 1600 年、2000 年、2400 年……

(7)闰月

农历三年一闰,五年两闰,十九年七闰,每逢闰年所加的一个月叫闰月．闰月加在某月之后就称闰某月．阴阳历的闰月的长度(29.5306 天)为一个月的平均值,全年 12 个月,同回归年(365.242 2 日)相差约 10 日 21 时．

(8)闰日

阳历的平年只有 365 天,与回归年相比,每年相差 5 时 48 分 46 秒,积 4 年约成 1 日,加到 2 月上,使 2 月的天数由 28 天增加到 29 天,所加的 1 天就叫闰日．

(9)平年

阳历没有闰日或农历没有闰月的年份叫平年．阳历平年 365 天,农历平年 354 天或 355 天．

五、计时法

(1)24 时计时法

邮电、广播、交通等部门计时,为了简明、不易出错,都采用从 0 时到 24 时的计时法,通常叫作 24 时计时法．就是时针走第二圈时,把时针所指的钟表上的数分别加上 12.

例如:下午 3 时称为 15 时,晚上 9 时就是 21 时,夜里 12 时就是 24 时,又称零时(零点).

(2)普通计时法

把 24 小时分为两段,每段 12 小时,从夜里 0 时到中午 12 时是第一段,从中午 12 时到夜里 12 时是第二段．这种计时法,一般叫作普通计时法．

(3)正月、元月

正月指农历一年的第一个月．元月指农历正月,也指公历一月．

六、时间单位关系表

1)1 世纪元→100 年．

2)1 年 $\begin{cases} \xrightarrow{\text{平年}} 365 \text{ 天}, \\ \xrightarrow{\text{闰年}} 366 \text{ 天}. \end{cases}$

3)1 天→24 时．

4)1 时→4 刻→60 分→3 600 秒.

5)1 刻→15 分→900 秒.

6)1 分→60 秒.

7)1 年→4 季度→12 个月 $\begin{cases} 大月\to31\ 天, \\ 小月\to30\ 天, \\ 2\ 月 \begin{cases} \xrightarrow{平年}28\ 天, \\ \xrightarrow{闰年}29\ 天. \end{cases} \end{cases}$

8)1 季度→3 个月.

9)1 星期→7 天→168 时.

例1 (1)2 年 6 个月 = ( )个月;(2)40 个月 = ( )年( )个月;(3)2 日 5 时 30 分 = ( )分.

分析:通过时间单位关系,我们知道 1 年 = 12 个月,则 2 年 6 个月 = (30)个月,40 个月 = (3)年(4)个月;通过时间单位关系,我们知道 1 日 = 24 时,1 时 = 60 分,则 2 日 5 时 30 分 = (3 210)分.

例2 从零点到夜里 10 点,经过了多少小时?

分析:1 天 = 24 小时,即从零点到 24 点,夜里 10 点即为 22 点.22 - 0 = 22,所以从零点到夜里 10 点,经过了 22 小时.

1. 在( )中填上适当的计量单位:

(1)豹子奔跑的速度大约是每小时 120( );

(2)小刚跑百米的时间大约是 12( );

(3)一节课是 40( ).

2. 填空:

(1)一年有( )个季度,8 月是第( )季度,每月的( )日至( )日是中旬,每月最多有( )个星期日;

(2)闰年的第一季度有( )天,6 月有( )天,是第( )季度,1996 年是( )年;

(3)1964 年 10 月 16 日,我国第一颗原子弹试爆成功,这一年全年有( )天,到今年 10 月 16 日是( )周年;

(4)1997 年香港回归祖国,这一年有( )天;

(5)神舟五号载人飞船于 2003 年 10 月 15 日上午 9 时成功升空,2003 年 10 月 16 日凌晨 6 时 23 分安然着陆,它在空中共飞行了( )小时( )分;

(6)火车时刻表上写着 17:30 开车,也就是( )午( )点( )分开车;

(7)一个会议从 7 月 28 日开始,8 月 3 日结束,这个会议开了( )天;

(8)4 时 5 分 = (　　)时 = (　　)分；　　　(9)1.5 时 = (　　)时(　　)分；

(10)40 分 = (　　)时；　　　　　　　(11)4 天 = (　　)时；

(12)1 年 = (　　)个月；　　　　　　　(13)375 分 = (　　)时；

(14)5 时 15 分 = (　　)分.

3. 在(　　)里填上适当的数：

(1)$\frac{1}{3}$ 时 = (　　)分；　　　(2)1 时 25 分 = (　　)时；

(3)2 时 30 分 = (　　)时 = (　　)分.

4. 在(　　)里填上" > "" < "" = "：

(1)115 分(　　　)2 时；　(2)3 $\frac{2}{3}$ 时(　　　)3 时 40 分；(3)5 分 40 秒(　　　)5.4 分；

(4)2 年 5 个月(　　　)29 个月.

5. 在(　　)里填适当的时间单位：

(1)2.5(　　) > 2.5(　　) > 2.5(　　)；

(2)30(　　) < 30(　　) < 30(　　) < 30(　　).

6. 判断题.

(1)2008 年在北京举行第 29 届奥运会,这一年的第一季度有 90 天.　　　　　　　(　　)

(2)1.15 小时就是 1 小时 15 分.　　　　　　　　　　　　　　　　　　　　　　(　　)

(3)在 367 个学生中,至少有 2 个学生是同月同日生的.　　　　　　　　　　　　(　　)

(4)分针从 3 走到 5,走了 10 分钟.　　　　　　　　　　　　　　　　　　　　(　　)

(5)每一个人,每年都要过一次生日.　　　　　　　　　　　　　　　　　　　　(　　)

(6)每年都有 365 天.　　　　　　　　　　　　　　　　　　　　　　　　　　(　　)

(7)一年中可以分为四个季度.　　　　　　　　　　　　　　　　　　　　　　(　　)

(8)1860 年是闰年.　　　　　　　　　　　　　　　　　　　　　　　　　　　(　　)

(9)1.35 小时就是 1 小时 35 分钟.　　　　　　　　　　　　　　　　　　　　(　　)

7. 选择题.

(1)王老师每天上午 7 时 30 分到校,下午 5 时 30 分离校,午间休息 2 小时. 王老师每天在校工作(　　).

　　　A. 10 小时　　　　　　　B. 8 小时　　　　　　　C. 9 小时

(2)钟面上的分针和时针都从 12 开始旋转,当分针旋转 3 圈时,时针旋转了(　　).

　　　A. 30°　　　　　　　　B. 90°　　　　　　　　C. 1 080°

(3)1900 年与 2000 年第一季度的天数相比(　　).

　　　A. 2000 年的天数多　　B. 一样多　　　　　　C. 1900 年的天数多

(4)1990 年这一年是(　　).

　　　A. 平年　　　　　　　　B. 闰年

(5)一部电影从上午 10 点 50 分开始放映,中午 12 点 4 分结束,这部电影放映了(　　).

　　　A. 2 小时 54 分　　　　B. 1 小时 14 分

8. 一艘轮船于 2003 年 2 月 28 日下午 5 时从甲港开出,3 月 1 日上午 9 时到达乙港,这艘轮船一共行驶了多少小时？

9. 医生给爷爷开了一瓶药,药瓶标签上写着"0.2 mg(毫克)×250 片".医生开的处方上写着"每天 3 次,每次 0.6 mg,7 天为一个疗程",则医生给爷爷开的药可服几个疗程?

10. 一时钟每小时慢 3 分,照这样,上午 5 时对准标准时间后,当晚上时钟指着 12 时的时候,标准时间是几时几分?

11. 解决下面实际问题.

(1)李老师每天上午 7 时 40 分到校,下午 5 时 40 分离校,午间休息 1 时 55 分,李老师每天工作多少小时?

(2)如果现在时钟表示的时刻是 8 时,分针旋转 40 圈后,时针表示的时刻是几时?

(3)张老师计划每周至少锻炼 4 小时,每天 16:50—17:30 是他锻炼身体的时间,他能完成计划吗?

(4)小明家离学校 800 米,小明每分钟走 40 米.他出家门时看时钟,时针指在 7,分针指在 12,走到学校门口再看时钟,时针指在几和几之间? 分针指在几?

我们回头看"情境再现"中的问题,一天 24 小时,他们下午 4 时出发,即为 16 点出发,10 小时后到达,则他们的到达时刻是第二天的凌晨 2 点,到达时他看到的景象可能是繁星满天.

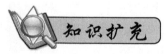

判断平年、闰年的方法

判断某一年是平年还是闰年,用这一年的公历年份(不是整百数时)除以 4.能整除的就是闰年,不能整除的就是平年(也可以用这一年份的后两个数字除以 4).如:1996 年、1980 年等是闰年.公历年份是整百数的,要除以 400,能整除的是闰年,不能整除的是平年.如:2000 年是闰年,而 1900 年是平年.

中国旧历农历纪年中,有闰月的一年称为闰年.一般年份为 12 个月,354 或 355 天,闰年则为 13 个月,383 或 384 天.农历作为阴阳历的一种,每月的天数依照月亏而定,一年的时间以 12 个月为基准;为了合上地球围绕太阳运行周期即回归年,每隔 2 到 4 年,增加一个月,增加的这个月为闰月,因此农历的闰年为 13 个月.农历没有第十三月的称谓,闰月按照历法规则,排在从二月到十月的过后重复同一个月,重复的这个月为闰月,如四月过后的闰月称为闰四月.农历闰年闰月的推算,3 年一闰,5 年二闰,19 年七闰;农历基本上 19 年为一周期对应于公历同一时间.如公历的 2001 年 5 月 27 日、1982 年 5 月 27 日和 1963 年 5 月 27 日这个日子,都是闰四月初五.2009 年闰 5 月,2012 年闰 4 月.

11.3 质 量

有一天,明明的妈妈要给明明做鸡翅吃,但是家里没有鸡翅了,妈妈让明明去楼下的超市买二斤鸡翅,明明到了超市,发现冷柜里的鸡翅每袋上都写着"净重1千克",明明就不知道要拿几袋才是妈妈要的二斤了,你知道吗?

一、质量的意义

质量是指物体中所含物质的量,是度量物体惯性大小的物理量.一般用天平来称量.质量通常是一个常量,不会因物体所在的位置而改变.

二、质量单位

计量物体质量的单位叫作质量单位.要知道物体的轻重,必须用质量单位来计量,常用的质量单位有吨、千克、克.

(1)千克

千克是质量单位中的主单位,千克也叫作公斤,用符号"kg"表示.1千克=1 000克.

(2)克

克是公制中计量质量的辅助单位,用符号"g"表示.1克是1吨的百万分之一.如:一个鸡蛋约重50克.

(3)吨

吨是公制中计量质量的最大单位,用符号"t"表示.1吨=1 000千克(公斤).

(4)毫克

毫克是公制质量单位.1毫克等于1克的千分之一.

(5)担、斤

担是质量单位,100斤等于1担.

斤也是质量单位,旧制16两等于1斤,现用市制,10市两等于1市斤,等于0.5千克.

(6)两、钱

两、钱都是质量单位.十钱等于一两,现用市制,十市厘等于一市钱,十市钱等于一市两.

(7)磅

磅是英美制质量单位.1磅合0.907 2市斤.

(8)盎司

盎司是英制质量单位.1盎司=$\frac{1}{16}$磅.在国际金融市场上,买卖黄金、白银等贵重金属时用盎司计算.

（9）克拉

克拉是宝石的质量单位,1 克拉等于 200 毫克,即 0.2 克.

三、千克与斤及克与斤的关系

1 千克 = 1 公斤,1 公斤 = 2 斤,所以 1 千克 = 2 斤.

1 千克 = 2 斤 = 1 000 克,所以 1 斤 = 500 克.

每人每天大约吃大米 160 克,一个食堂有 350 人吃饭,一个月（按 30 天计算）大约需要吃大米多少千克?

分析:每人每天大约吃大米 160 克,一个食堂有 350 人吃饭,则食堂每天需要吃大米 160 克 ×350 人 = 56 000 克,每月按 30 天计算需要吃大米 56 000 克 ×30 天 = 1 680 000 克. 千克与克的换算关系是 1 千克 = 1 000 克,则需要吃大米 1 680 千克.

习题演练

1. 填空:

(1)9 000 克 = (　　　)千克;　　　　　　(2)6 吨比 5 999 千克多(　　　)千克;

(3)3 吨 45 千克 = (　　　)吨 = (　　　)千克;(4)0.75 吨 = (　　　)千克;

(5)2.05 吨 = (　　　)吨(　　　)千克;　　(6)1 吨 = (　　　)千克;

(7)60 600 克 = (　　　)千克(　　　)克;　(8)5 吨 50 千克 = (　　　)吨 = (　　　)千克;

(9)80 300 千克 = (　　　)吨(　　　)千克;　(10)6 020 千克 = (　　　)吨;

(11)435 克 = (　　　)千克;　　　　　　　(12)80 千克 = (　　　)吨;

(13)0.93 吨 = (　　　)千克;　　　　　　　(14)8 吨 = (　　　)千克;

(15)60 千克 = (　　　)吨;　　　　　　　　(16)42 000 克 = (　　　)千克;

(17)7 吨 50 千克 = (　　　)吨;　　　　　　(18)3 千克 165 克 = (　　　)千克;

(19)0.21 吨 = (　　　)千克;　　　　　　　(20)4.08 吨 = (　　　)千克;

(21)3 吨 700 千克 = (　　　)吨;　　　　　　(22)15 吨 50 千克 = (　　　)吨;

(23)5 千克 500 克 = (　　　)千克;　　　　　(24)12 千克 35 克 = (　　　)千克;

(25)4 吨 80 千克 = (　　　)吨;　　　　　　(26)14 吨 680 千克 = (　　　)吨.

2. 在(　　　)里填上">""<""=":

(1)3 $\frac{1}{5}$ 吨(　　　)3 500 千克;　(2)2 千克 10 克(　　　)210 克.

3. 把 3.68 吨、3 608 千克、3 吨 579 千克按从小到大顺序排列.

4. 判断.

(1)1 吨的煤与 1 吨的棉花重量相等.　　　　　　　　　　　　　　　　(　　　)

(2)4.05 吨 = 4 吨 5 千克.　　　　　　　　　　　　　　　　　　　　(　　　)

5. 一瓶酒精重 1.5 千克,一瓶油重 1.05 千克,两个空瓶一样重,酒精净重量相当于油净重量的 2 倍,一个空瓶重多少千克?

6. 一台压面机 25 分钟可压面条 5 000 克. 照这样计算,三台压面机 5 小时可压面条多少千克?

7. 农民给油菜施肥,每公顷施肥 180 千克. 在一块长 350 米、宽 200 米的长方形试验田里应施肥多少千克?

我们回头看"情境再现"中的问题,通过千克与斤的换算关系"1 千克 = 2 斤",可知明明只需要拿一袋鸡翅即可.

当你到大型超市买散装食品时,一定会看到售货员使用电子秤将食品质量称出,连同价格一起打印,贴在包装袋上,下面来介绍电子秤的使用方法. 电子秤是目前商场中应用较广泛的称量、计价工具. 它的最大优点是能够自动快速准确地称量和计价. 另外,它还有累计顾客购买不同货物的金额、累计总金额、去皮等多种功能. 前面的三个数字显示窗口,最左面的为质量显示;中间的为商品单价显示,右面的为计价显示.

11.4　长度、面积与体积

用体积是 1 立方厘米的小正方体,堆成一个体积是 1 立方分米的大正方体,需要多少个小正方体? 如果把这些小正方体一个挨一个地排成一行,长多少千米?

一、长度

长度是一维的概念,表示物体或线段长短的程度.

1. 长度的测量

长度的测量是最基本的测量,最常用的工具是刻度尺.

2. 长度单位

(1)国际标准的长度单位

国际单位制中,长度的标准单位是"米",用符号"m"表示.

国际单位制的长度单位"米"起源于法国. 1790 年 5 月由法国科学家组成的特别委员

会,建议以通过巴黎的地球子午线全长的四千万分之一作为长度单位——米,1791 年获法国国会批准.

1960 年,在第十一届国际计量大会上,决定用氪(86Kr)橙线代替镉红线,并决定把米的定义改为"米的长度等于氪 – 86 原子的 p^{10} 和 $5d^5$ 能级之间跃迁的辐射在真空中波长的 1 650 763.73 倍".

(2)其他的长度单位

除了米之外,其他的长度单位还有其拍米(Pm)、兆米(Mm)、公里(千米)(km)、分米(dm)、厘米(cm)、毫米(mm)、丝米(dmm)、忽米(cmm)、微米(μm)、纳米(nm)、皮米(pm)、飞米(fm)、阿米(am)等.

(3)我国传统的长度单位

我国传统的长度单位有里、丈、尺、寸等.

(4)英制长度单位

以英国和美国为主的少数欧美国家使用英制单位,因此他们使用的长度单位也就与众不同,主要有英里、码、英尺、英寸.

(5)天文学长度单位

在天文学中常用"光年"来作长度单位,它是真空状态下光 1 年所走过的距离,因此被称为光年. 除此之外,还有秒差距、天文单位等.

(6)专属的长度单位

海里是:航海上度量长度的单位.

3. 长度单位的换算

长度单位在换算时,小单位换算成大单位用乘法,大单位换算成小单位用除法.

1)1 Pm(拍米) = 1×10^{15} m;　　　　　　1 Mm(兆米) = 1×10^6 m;

　1 km(千米) = 1×10^3 m;　　　　　　　1 dm(分米) = 1×10^{-1} m;

　1 cm(厘米) = 1×10^{-2} m;　　　　　　1 mm(毫米) = 1×10^{-3} m;

　1 dmm(丝米) = 1×10^{-4} m;　　　　　1 cmm(忽米) = 1×10^{-5} m;

　1 μm(微米) = 1×10^{-6} m;　　　　　1 nm(纳米) = 1×10^{-9} m;

　1 pm(皮米) = 1×10^{-12} m;　　　　　1 fm(飞米) = 1×10^{-15} m;

　1 am(阿米) = 1×10^{-18} m.

2)1 里 = 150 丈 = 500 米;　　　2 里 = 1 公里(1 000 米);　　　1 丈 = 10 尺;

　1 尺 = 10 寸;　　　　　　　　1 丈 = 3.33 米;　　　　　　　1 尺 = 3.33 分米;

　1 寸 = 3.33 厘米.

3)1 英里 = 1 760 码 = 5 280 英尺 = 1.609 344 公里;

　1 码 = 3 英尺 = 0.914 4 米;

　1 英寻 = 2 码 = 1.828 8 米;

　1 浪 = 220 码 = 201.168 米;

　1 英尺 = 12 英寸 = 30.48 厘米;

　1 英寸 = 2.54 厘米.

4)1 光年 = $9.460\ 7 \times 10^{12}$ km;

　1 秒差距 = 3.261 6 光年;

1 天文单位≈1.496 亿千米.

5)1 海里 = 1.852 公里(千米); （中国标准）

　1 海里 = 1.851 01 公里(千米); （美国标准）

　1 海里 = 1.854 55 公里(千米); （英国标准）

　1 海里 = 1.853 27 公里(千米); （法国标准）

　1 海里 = 1.855 78 公里(千米). （俄罗斯标准）

4. 刻度尺的使用方法

1)使用前要注意观察零刻度线、量程、分度值.

2)使用时要注意以下几点:

①尺子要沿着所测长度放,尺边对齐被测对象,必须放正重合,不能歪斜;

②不利用磨损的零刻度线,如因零刻度线磨损而取另一整刻度线为零刻度线的,切莫忘记最后读数中减掉所取代零刻度线的刻度值;

③厚尺子要垂直放置;

④读数时,视线应与尺面垂直.

二、面积

面积是二维的概念,表示物体表面或平面图形的大小.

1. 面积单位

1)公制:平方厘米、平方分米、平方米、平方公里、公顷、公亩.

2)市制:平方市尺、平方市寸、市亩.

3)英制:英亩、平方英里、平方英尺、平方英寸、平方码、平方竿.

2. 面积单位换算

（1）公制单位换算

1 平方厘米 = 100 平方毫米;

1 平方分米 = 100 平方厘米;

1 平方米 = 100 平方分米;

1 平方米 = 10 000 平方厘米;

1 平方米 = 1 000 000 平方毫米;

1 公顷 = 10 000 平方米;

1 公亩 = 100 平方米;

1 平方千米 = 100 公顷 = 1 000 000 平方米;

1 平方公里 = 1 000 000 平方米 = 1 平方千米.

（2）市制单位换算

1 公亩 = 0.15 亩;

1 亩 = 666.666 667 平方米;

1 平方尺 = 100 平方寸 ≈ 0.11 平方米.

（3）英制单位换算

1 平方英里 = 640 英亩;

1 英亩 = 160 平方竿;

1 平方竿 = 30.25 平方码；

1 平方码 = 9 平方英尺；

1 平方英尺 = 144 平方英寸.

三、体积

体积是三维的概念,表示物体所占空间的大小.

体积单位及换算如表 11 - 1 所示.

表 11 - 1

立方米	m³		国标
立方分米	dm³	1 立方米 = 10^3 立方分米	公制
立方厘米	cm³	1 立方分米 = 10^3 立方厘米	公制
立方毫米	mm³	1 立方厘米 = 10^3 立方毫米	公制
升	L	1 升 = 1 立方分米	公制
毫升	ml	1 升 = 1 000 毫升	公制
立方尺		1 立方米 = 27 立方尺	市制
立方寸		1 立方尺 = 1 000 立方寸	市制
蒲式耳	bu	1 蒲式耳 = 36.369 升	
打兰(液量)		1 毫升 = 0.271(液量)打兰	
加仑(美)	U.S gal	1 加仑 = 3.785 4 升	美制
夸胶		1 加仑 = 4 夸胶	美制
品脱		1 加仑 = 8 品脱	美制
盎司(液量)		1 品脱 = 20(液量)盎司	
唡		1 加仑 = 128 唡	美制
加仑(英)	UK gal	1 加仑(英) = 277.42 立方英寸	英制
立方码		1 立方米 = 1.308 立方码	英制
立方英尺	ft³	1 立方米 = 35.314 7 立方英尺	英制
立方英寸	in³	1 立方米 = 610 24 立方英寸	英制
板(板材)		100 板 = 2.36 立方米	
板(原木)		100 板 = 5 立方米(近似值)	
杯		1 升 = 423 杯	
配克		1 配克 = 8.810 升	
干桶(美)	US bbl	1 干桶 = $1.156\ 27 \times 10^{-1}$ 立方米	美制

案例分析

一块长方形地,长 250 米,宽 160 米,这块地有多少公顷？

分析:由长方形面积公式,面积 = 长 × 宽,可知这块长方形地的面积是 250 × 160 = 40 000 平方米. 由换算法则 1 公顷 = 10 000 平方米,可知这块长方形地的面积是 4 公顷.

习题演练

1. 填空.

(1)我国领土面积约( )万平方千米.

(2)计量液体体积通常用( )和( )作单位.

(3)6 300 米 =( )千米( )米; 5 060 米 =( )千米;

7 千米 90 米 =( )米 =( )千米.

(4)5.5 公顷 =( )平方米; 40 500 平方米 =( )公顷;

8 平方米 6 平方分米 =( )平方米 =( )平方分米.

(5)2.04 立方米 =( )立方米( )立方分米 =( )立方分米;

2 500 立方厘米 =( )立方分米; 6.5 立方分米 =( )升 =( )毫升;

5 立方米 40 立方分米 =( )立方米 =( )立方分米;

10 升 50 毫升 =( )毫升.

(6)405 厘米 =( )米; 4 千米 5 米 =( )米.

(7)8 立方米 =( )立方分米; 7.02 千米 =( )千米( )米.

(8)5 600 立方厘米 =( )升; 270 平方厘米 =( )平方米.

(9)5 升 =( )毫升; 1 400 毫升 =( )升.

(10)3.2 平方千米 =( )公顷; 0.2 公顷 =( )平方米;

6 平方米 =( )平方分米 =( )平方厘米;

15 公顷 =( )平方米;

480 000 平方米 =( )公顷; 7 平方分米 =( )平方米;

0.08 平方米 =( )平方厘米; 0.95 公顷 =( )平方米;

24 公顷 = ( )平方千米; 10.36 平方千米 =( )公顷;

1.96 平方分米 =( )平方厘米; 0.43 米 =( )厘米;

250 米 =( )千米; 30.5 米 =( )分米;

30.5 米 =( )千米; 13 厘米 =( )米;

260 米 =( )千米; 36 厘米 =( )米;

18 分米 =( )米; 525 毫米 =( )米;

5 千米 30 米 =( )千米; 10 米 8 分米 =( )米;

4 米 17 厘米 =( )米; 2 米 3 分米 =( )米;

4 米 7 厘米 =( )米; 25 平方米 24 平方分米 =( )平方米;

1 米 50 厘米 =( )米.

(11)1 千米 =( )米; 150 厘米 =( )米( )厘米;

1 公顷 =( )平方米; 2 平方米 4 平方分米 =( )平方分米;

7 平方千米 =( )公顷; 354 平方厘米 =( )平方分米( )平方厘米;

9 千米 700 米 =( )米; 3 000 公顷 =( )平方千米 =( )平方米;

3 米 4 厘米 =( )米.

2. 在横线上填上">""<""=":

(1)3 米 4 分米 8 厘米____34.5 分米; (2)2.5 升____2 升 5 毫升;

(3)13 千米____13 000 米；　　　　　　(4)500 平方千米____5 公顷；

(5)5 公顷 5 平方米____5 005 平方米.

3. 判断题.

(1)1 立方米比 1 平方米大. 　　　　　　　　　　　　　　　　( )

(2)体积单位比面积单位大. 　　　　　　　　　　　　　　　　( )

(3)小明画了 4 厘米长的直线. 　　　　　　　　　　　　　　　( )

(4)相邻两个体积单位之间的进率是 1 000. 　　　　　　　　　( )

4. 解决下面实际问题.

(1)一列 470 米长的火车,用 1 分 20 秒通过 1 030 米长的大桥,又以同样的速度用 40 秒通过一隧道,隧道长几千米?

(2)飞机每分钟飞行 15 000 米,2 小时 15 分飞行多少千米?

(3)一块正方形的苗圃,周长是 1 200 米,这个苗圃的面积是多少平方米? 合多少公顷?

(4)长山村准备在长 25 千米、宽 18 千米的长方形荒地上进行退垦还林植树,每公顷计划种植 3 800 棵树,这块地一共能种树多少棵?

(5)四个同样形状的长方形和一个小正方形拼成一个大正方形,如图 11 - 1 所示. 已知大正方形面积是 81 平方厘米,小正方形面积是 25 平方厘米,则长方形长是多少厘米?

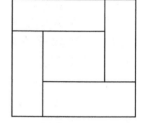

图 11 - 1

我们回头看"情境再现",按照换算法则 1 立方分米 = 1 000 立方厘米,则大正方体体积为 1 000 立方厘米,因为小正方体体积为 1 立方厘米,所以需要用掉 1 000 个小正方体. 由于小正方体体积是 1 立方厘米,则它的边长是 1 厘米. 如果把 1 000 个小正方体一个挨一个地排成一行,长就是 1 000 厘米. 按照换算法则 1 千米 = 100 000 厘米,所以把 1 000 个小正方体排成一行的长度是 0.01 千米.

畆,其实是个俗称,标称为公顷;大亩即市亩,小亩即公亩.

$$1 \text{ 公顷} = 100 \text{ 公亩} = 15 \text{ 市亩}$$

在民间还有一个更实用的口诀来计算:平方米换算为亩,计算口诀为"加半左移三". 1 平方米 = 0.001 5 亩,如 128 平方米等于多少亩? 计算方法是:先用 128 加 128 的一半,即: 128 + 64 = 192,再把小数点左移 3 位,即得出亩数为 0.192.

亩换算为平方米,计算口诀为"除以三加倍右移三". 如要计算 24.6 亩等于多少平方米,计算方法是:24.6 ÷ 3 = 8.2,8.2 加倍后为 16.4,然后再将小数点右移 3 位,即得出平方米数为 16 400.

"亩"的历史

"亩"字来源于中国夏、商、周的井田制度所实施的井田模型,而夏、商两代的井田模型与周朝的井田模型存在一定的差异,所以"亩"字实际起源于夏、商两代的井田模型. 在先秦一些重要文献中,"亩"往往是对"私田"的称呼;"田"往往是对"公田"的称呼."一亩"按出土的"商鞅方升"测算约相当于 0. 290 7 市亩,那么当时 100 亩就相当于 29.07 市亩.

如果还原出来夏、商井田模型并加以分解,就不难看出"亩"其实是夏、商时代农户在井田所耕种的土地规划状态的符号化的表达方式. 其实,"亩"字的繁体字为"畝",其中"亩"部表形,"久"部是对"亩"的当时的实际存在状态或者说结构的进一步解释,这样一来,只要认识到夏、商的井田模型或者说农户耕作的具体的土地规划形状,"亩"对于自身解释的对象是可以不言自明的一种字符或者符号. 所以,这里必须注意的是,"亩"在夏、商时代也许是对一户农户所耕作的一块土地如夏朝 50 亩、商朝 70 亩的称呼. 而夏、商井田模型与周朝井田模型是存在一定的结构性差异的,孟子正是把周朝井田耕作面积套入商朝井田模型中从而使得他的解释出现难以自圆其说的矛盾的. 历史上许多关于井田制度的讨论也未能解决这一问题以至于无法把其中的矛盾予以解决. 可见,解决夏、商与周朝之间的井田模型实际上是进一步讨论井田制度的关键所在.

亩是中国市制土地面积单位,一亩等于 60 平方丈,如果要换算为公制的话,一亩约等于 667 平方米,十五亩等于一公顷.

为什么是 60 平方丈,这是中国古代的计数方法. 现在计数大都以"10"为一个单位进位,古代的进位则多以"60"为一个单位进位. 比如一甲子为 60 年等.

古代的亩,是一个模糊的概念,"亩"作为地积单位是"可以尺度之数计之"的,因此这里所说的"一亩"实际上是被视为表示长度的数量词使用的.

首先应该肯定,"一亩见方"是一个无法精确计量的估数. 为什么这样说呢? 我们不妨从"亩"说起. 依照现行工具书的说法,"亩"是我国市制的土地面积单位,一亩等于 60 平方丈. 如果要换算为公制的话,一亩约等于 667 平方米. 但要强调的是,这一说法是现在的定制. 中国历史上所说的"亩"其实是一个非常模糊的概念. 吴承洛先生在《中国度量衡史》一书中明确地指出"惟中国历代对于地亩之数,本无精密统计,又未经清丈,亦无法确定计亩之单位";"地积之量以长度之二次方幂计之,地积本身则无为标准之基本量;故言地亩之大小,可以尺度之数计之". 由此可见,自古以来,作为地积单位的"亩",并没有一个准确的定量,地亩的大小通常是以尺度来计算的. 按照周朝的规定,6 尺为步(有的说 6 尺 4 寸,也有 8 尺之说),百步为亩. 到了秦代,则以 5 尺为步,宽 1 步,长 240 为一亩.

汉代沿袭秦代的制度,而唐朝则以宽 1 步、长 240 步为一亩.

整个清朝以 5 方尺为步,以 240 步为一亩. 至于一步究竟是多长,又是一个变化的量. 周代的一尺大约为 19. 9 公分,秦尺约合 27. 65 公分,汉尺约 23 公分(《三国演义》上说,关云长身高 8 尺. 如果按照现在 33 公分左右为一尺的话,关云长的身高至少要 2 米 60 以上,比姚明还要高出 30 多公分. 实际上,《三国演义》上所说的 8 尺,是指当时的汉尺,即每尺 23 公分左右. 照此计算,关云长的身高也就是 1 米 80 多;清代的一尺约合 32 公分.

再来说"见方". 所谓"见方",现行工具书认为它是用在表长度的数量词后,表示以该长度为边的正方形. 也正是因为如此,教材上"一亩见方"的说法是不正确的. 结合上文可知:"亩"作为地积单位是"可以尺度之数计之"的. 因此,这里所说的"一亩"实际上是被视为表示长度的数量词使用的.

综合以上所说,"一亩见方"是模糊地指每一条边的边长约为 240 步的一块正方形的地方,大约为现在的 670 平方米.

其他的量

除了前几节我们学习的量以外,生活中还存在着许多的量.下面我们就来了解一下.

1. 温度

温度是指物体的冷热程度.测定物体温度的单位叫作温度单位.常用的温度单位有摄氏度、华氏度.

(1)摄氏度

摄氏度是计量温度的一种单位.规定在一个标准大气压下,纯水的冰点为 0 摄氏度,沸点为 100 摄氏度,0 摄氏度和 100 摄氏度之间平均分成 100 份,每份表示 1 摄氏度,用符号"℃"表示.

(2)华氏度

华氏度是计量温度的一种单位.规定在一个标准大气压下,纯水的冰点为 32 华氏度,沸点为 212 华氏度,32 华氏度和 212 华氏度之间平均分成 180 份,每份表示 1 华氏度,用符号"℉"来表示.

2. 速度

运动的物体在某一个方向上单位时间内所经过的路程叫作物体的速度.速度泛指快慢的程度.常用的速度单位有千米/时、米/分、米/秒等.

3. 重力

由于地心引力的作用,物体受到竖直向下的力叫作重力.

要知道物体的轻重,必须用质量单位来计量.用来测定物体所受地球引力多少的单位叫作重力单位.法定计量重力的基本单位是牛顿,用符号"N"表示.

4. 电流

单位时间内通过导体横截面的电荷量作叫电流,通常用"I"代表电流.

国际单位制中电流的基本单位是安培.1 安培定义为,在真空中相距为 1 米的两根无限长平行直导线,通以相等的恒定电流,当每米导线上所受作用力为 2×10^{-7} N 时,各导线上的电流为 1 安培.

初级学习中 1 安培的定义为,1 秒内通过导体横截面的电荷量为 1 库仑,即 1 安培 = 1 库仑/秒.

换算方法:

1 kA = 1 000 A;

1 A = 1 000 mA;

1 mA = 1 000 μA;

1 μA = 1 000 nA;

1 nA = 1 000 pA.

一些常见的电流:

电子手表 1.5～2 μA;

白炽灯泡200 mA;

手机100 mA;

空调5～10 A;

高压电200 A;

闪电20 000～200 000 A.

5. 照度

照度指物体被照面单位时间内所接收的光通量.

照度单位为勒[克斯](lx).

一般而言,居家空间到底适用何种光源,除依据室内的整体规划外,也应考虑用电的效率及各场所所需的应有照度. 每一不同使用要求的场所,均有其合适的照度来配合. 例如:起居间所需照明照度为150～300 lx;一般书房照度为500～1 000 lx,但阅读时所需照明照度则为600 lx,所以最好使用台灯作为局部照明.

生活中一些常见场所的照明照度如表11-2所示.

表11-2

场所	照度(lx)
书房、办公室	500～1 000
客厅(不阅读书报)	150～300
浴厕、更衣室	200～500
餐桌	300～500
走廊、楼梯	35～75
电梯、走道	100～200
车库、仓储间	30～75

一般情况下,夏日阳光下照度为100 000 lx;阴天室外为10 000 lx;室内日光灯下为100 lx;距60 W台灯60 cm桌面处为300 lx;电视台演播室为1 000 lx;黄昏室内为10 lx;夜间路灯下为0.1 lx;烛光(20 cm远处)下为10～15 lx.

室内刚能辨别人脸的轮廓的照度为20 lx,下棋打牌的照度为150 lx,看书约需250 lx,即25 W白炽灯离书30～50 cm,书写约需500 lx,即40 W白炽灯离书30～50 cm,看电视约需30 lx,用一个3 W的小灯放在视线之外就行了.

保持合适的照度,对提高工作和学习效率都有很大的好处;在过于强烈或过于阴暗的光线照射下工作学习,对眼睛都是有害的.

6. 血压

体循环动脉血压简称血压. 血压是血液在血管内流动时,作用于血管壁的压力,它是推动血液在血管内流动的动力. 心室收缩,血液从心室流入动脉,此时血液对动脉的压力最高,称为收缩压,也称为高压. 心室舒张,动脉血管弹性回缩,血液仍慢慢继续向前流动,但血压下降,称为舒张压,也称为低压.

血压的单位是mmHg(毫米汞柱),指血压计中汞柱的高度. 自测血压值收缩压低于135 mmHg、舒张压低于85 mmHg,一般是正常的.

使用水银血压计测血压的方法(听诊法),具体操作如下.

1）测量血压前，让被测者休息数分钟之后，露出左胳膊至肩部以免影响袖带捆绑，但不能让衣袖将胳膊勒得太紧，并要伸直肘部，手掌向上放平．

2）把血压计放平，使血压计的"0"点与被测者的心脏在同一个平面上．

3）把血压计的袖带缠在病人的上臂部，袖带的下缘要距肘窝 2～3 厘米，不要过紧，也不要过松，以刚好伸入 2 个指头为准．

4）戴好听诊器，用手在被测者的肘窝部摸到肱动脉的搏动，然后把听诊器放在上面，这个时候就能听见动脉跳动的"咚咚"声．

5）闭紧打气球，向袖带内打气，压力加到肱动脉搏动的声音听不见为止，再慢慢放开气门，减少压力，并注意水银柱所指的刻度，直到听见第一声搏动？此时水银柱所指的刻度，就是收缩压．

6）压力继续下降，直到肱动脉搏动的声音逐渐增加至突然变软变弱时，这时水银柱所指的刻度为舒张压（注意并非是搏动的声音完全消失）．

测量血压一般要连续测两三次，取其最低值．

用听诊法测得的血压也只能是一近似值，其精确程度与测量技术有一定关系．在测量时，缠缚袖带要平展，使上臂、心脏和水银检压计的零点（或弹簧检压计、电子压力计），尽量保持在同一水平面上，并且放气不要过快，否则将出现较大的误差．

7. 电能

电能是指电以各种形式做功（即产生能量）的能力．有直流电能、交流电能、高频电能等，这几种电能均可相互转换．日常生活中使用的电能主要来自其他形式能量的转换，包括水能（水力发电）、热能（火力发电）、原子能（原子能发电）、风能（风力发电）、化学能（电池）及光能（光电池、太阳能电池）等．

电能的单位是"度"，它的学名叫作千瓦时，符号是 kW·h.

在物理学中，更常用的能量单位（也就是主单位，也称国际单位）是焦耳，简称焦，符号是 J.

$$1 \text{ 度（电）} = 1 \text{ kW} \cdot \text{h} = 3.6 \times 10^6 \text{ J}$$

1）我国的发电方式：火力发电、水力发电、核电站、风力发电、秸秆发电、垃圾发电、抽水蓄能发电、光伏发电、地热能发电．风力发电主要是在内蒙古、辽宁．火力发电主要是在北方．水力发电主要是在南方及长江黄河流域．核电主要是供给发达地区的用电．拉萨羊八井的地热能发电是全世界最大的．

2）电能表的作用：测量用电器在一段时间内消耗的电能．电能表的示数由四位整数和一位小数组成．电能表的计量器上前后两次读数之差，就是这段时间内用电的度数．但要注意电能表的示数的最后一位是小数．

3）阶梯电价：第一档电量，每月用电低于 170 kW·h 时（含）的部分，用电价格维持现行标准；第二档电量，171～260 kW·h 时（含）的部分（差额为 90 kW·h 时），用电价格每千瓦时提高 0.05 元；第三档电量，高于 260 kW·h 时的部分，用电价格每千瓦时提高 0.30 元．

4）重要参数的意义："220 V"表示电能表应该在 220 V 的电路中使用，"10（20A）"表示电能表的标定电流为 10 A，额定最大电流为 20 A（此处 20 A 不是短时间内允许通过最大电流而是额定最大电流）；"50 Hz"表示电能表在 50 Hz 的交流电路中使用．

8. 货币

货币是从商品交换过程中分离出来的,固定地充当一般等价物的特殊商品. 它是商品交换自发发展的产物,其本质就是一般等价物. 货币具有价值尺度、流通手段、贮藏手段、支付手段和世界货币等五种职能.

货币是一种特殊的量。中国是世界上使用货币最早的国家之一. 货币的出现是人类文明进步的标志之一.

人民币是我国的法定货币. 它的基本单位是元,符号为"￥",辅助单位是角、分. 它们的进率是:1 元 = 10 角,1 角 = 10 分. 我国现在流通的人民币,有面值分别为 100 元、50 元、20 元、10 元、5 元、2 元、1 元的主币,也有面值分别为 5 角、1 角的辅币. 因为有这些科学合理的不同面值的货币,人民币在流通使用时极为方便. 例如:买一本售价 5 元的故事书,你可以付 1 张面

值为 5 元的人民币,也可以付 5 张面值为 1 元的人民币或付 10 枚 5 角硬币……

 习题演练

1. 填空.

(1)1 张 5 元纸币和 2 张 5 角纸币合起来是( )元.

(2)1 元 4 角 = ( )角,70 角 = ( )元,76 角 = ( )元( )角,5 元 = ( )角.

(3)1 张 10 元纸币 = ( )张 5 元纸币 = ( )张 1 元纸币.

(4)1 张 100 元纸币可以换( )张 10 元纸币,也可以换( )张 50 元纸币,还可以换( )张 20 元纸币.

(5)15.68 元 = ( )元( )角( )分;   8 元 5 角 = ( )元;

  2.95 元 = ( )元( )角( )分;   3 元 6 角 = ( )元.

2. 解答题.

(1)5 元人民币和 1 元人民币共有 200 张,已知 5 元人民币的总值比 1 元人民币的总值多 160 元,问两种面值的人民币各有多少张?

(2)有 6 张 1 元,4 张 5 角,1 张 5 元的人民币,要买 1 本 8 元钱的书,可以怎样付款?

本 章 小 结

通过本章学习,我们对生活中常见的量有了一个简单的了解.

(1)时间:时间的定义、时间单位、时刻与时区、时刻与时间的区别、历法、计时法、时间单位换算关系.

(2)质量:质量的定义、质量单位、换算关系.

(3)长度、面积、体积:长度概念、单位和换算关系;面积概念、单位和换算关系;体积概念、单位和换算关系.

(4)其他量和货币:了解了一些生活中常见的量和各国货币.

复 习 题

1. 填空.

(1)填写单位:

①一元硬币的厚度约为 2 _____,一般的日光灯管的长度约为 1.2 _____;

②灯管直径约为 40 _____,一支新铅笔的长度约为 1.8 _____;

③一本书的厚度约为 18.5 _____,一个水杯的高约为 1 _____;

④一支钢笔的长度约为 0.13 _____,一瓶娃哈哈矿泉水约有 595 _____;

⑤一间教室的面积约 60 _____,一枚邮票的面积是 4 _____;

⑥一个鸡蛋重约 55 _____.

(2)完成下列的单位换算:

①1 升 = _____毫升,25 分米 = _____微米,1 厘米 = _____纳米;

②0.64 千米 = _____米_____厘米,500 毫升 = _____升;

③15 立方分米 = _____立方米_____立方厘米,0.5 立方米 = _____升;

④80 300 千克 = ( )吨( )千克, 15 吨 50 千克 = ( )吨;

⑤$\frac{1}{3}$时 = ( )分,1 时 25 分 = ( )时,2 时 30 分 = ( )时 = ( )分;

⑥5.5 公顷 = ( )平方米,40 500 平方米 = ( )公顷,10.36 平方千米 = ( )公顷.

2. 选择题.

(1)长度测量所能达到的准确程度是由( ).

    A. 刻度尺的最小刻度决定的   B. 刻度尺的测量范围决定的

    C. 测量者的估计能力决定的   D. 测量时所选用的长度单位决定的

(2)某同学测得一物体的长度是 1.240 米,下列说法正确的是( ).

    A. 所用刻度尺的最小刻度是米   B. 估计值是 4

    C. 测量结果的准确值是 1.24 米   D. 测量结果精确到 1 毫米

(3)下列单位换算过程中正确的是( ).

    A. 1.8 米 = 1.8 × 1 000 = 1 800 毫米

    B. 1.8 米 = 1.8 米 × 1 000 = 1 800 毫米

    C. 1.8 米 = 1.8 米 × 1 000 毫米 = 1 800 毫米

    D. 1.8 米 = 1.8 × 1 000 毫米 = 1 800 毫米

(4)某同学用刻度尺量出一本书的厚度为 1.30 厘米,这本书共有 260 页,则每张纸的厚度是( ).

    A. 0.05 毫米   B. 0.005 厘米   C. 0.1   D. 0.1 毫米

(5)常用的长度单位由大到小的排列顺序是( ).

    A. 分米、厘米、毫米、微米、米   B. 厘米、分米、毫米、微米、米

    C. 微米、毫米、厘米、分米、米   D. 米、分米、厘米、毫米、微米

(6)有一棵参天大树,某班三位同学手拉手,刚好能把树围起来,那么这棵大树的周长可能是( ).

    A. 10 厘米   B. 42 分米   C. 36 000 毫米   D. 0.45 米

(7)有三把刻度尺,其最小刻度分别是分米、厘米、毫米,你认为其中最好的是( ).

    A. 分米刻度尺   B. 厘米刻度尺

    C. 毫米刻度尺   D. 要根据测量要求而定

(8)地球半径 $R = 6.4 \times 10^6$ 米,原子核半径 $r = 1 \times 10^{-15}$ 米,地球半径是原子核半径的( ).

    A. 6.4×10^{-9} 倍   B. 6.4×10^{-12} 倍   C. 6.4×10^{21} 倍   D. 1.6×10^{22} 倍

(9)下列单位换算正确的是( ).

    A. 120 米 = 120 米/1 000 = 0.12 厘米   B. 250 米 = 250 米 × 100 厘米 = 25 000 厘米

    C. 4 000 厘米 = 4 000/100 米 = 40 米   D. 355 微米 = 355/1 000 米 = 0.355 米

(10)钟面上的分针和时针都从 12 开始旋转,当分针旋转 3 圈时,时针旋转了( ).

    A. 30°   B. 90°   C. 1 080°

(11)用量筒量水的体积,某同学仰视读数为 80 毫升,则量筒中水的实际体积为( ).

    A. 大于 80 毫升   B. 小于 80 毫升   C. 80 毫升   D. 很难确定

(12)小峰看到墨水瓶的包装上印有"净含量:60 毫升"的字样. 这个"60 毫升"是指( ).

    A. 墨水瓶的体积   B. 瓶内所装墨水的体积   C. 包装盒的体积

3. 解答题.

(1)甲、乙二人同时从相距 18 千米的两地相对而行,甲每小时行走 5 千米,乙每小时行走 4 千米. 如果甲带了一只狗与甲同时出发,狗以每小时 8 千米的速度向乙跑去,遇到乙立即回头向甲跑去,遇到甲又回头向乙跑去,这样二人相遇时,狗跑了多少千米?

(2)一个长方形操场周长是 120 米,连接长边上的中点,正好把操场平均分成两个正方形,操场的面积是多少平方米?

(3)李大妈买 3 千克苹果和 2 千克白菜共付 16 元钱. 按钱数算 1 千克苹果可以换 2 千克白菜. 1 千克白菜与 1 千克苹果各多少钱?

(4)小刚每天早晨起床后就把昨天的日历撕掉. 今年八月份的一天下午他们全家开车到外地旅游,过了三天回家,小刚一连撕掉了三张日历. 这 3 张日历上的 3 个日期加起来是 60,小刚他们是几号出发去旅游的?

2 000多年前,有人用简单的测量工具计算出地球的周长. 这个人就是古希腊的埃拉托斯特尼.

埃拉托斯特尼博学多才,他不仅通晓天文,而且熟知地理;又是诗人、历史学家、语言学家、哲学家,曾担任过亚历山大博物馆的馆长.

细心的埃拉托斯特尼发现,离亚历山大城约800公里的塞恩城(今埃及阿斯旺附近),夏日正午的阳光可以一直照到井底,因而这时候所有地面上的直立物都应该没有影子. 但是,亚历山大城地面上的直立物却有一段很短的影子. 他认为直立物的影子是由亚历山大城的阳光与直立物形成的夹角造成的. 从地球是圆球和阳光直线传播这两个前提出发,从假想的地心向塞恩城和亚历山大城引两条直线,其间的夹角应近似等于亚历山大城的阳光与直立物形成的夹角. 按照相似三角形的比例关系,已知两地之间的距离,便能测出地球的圆周长. 埃拉托斯特尼测出夹角约为7°,是地球圆周角(360°)的约五十一分之一,由此推算地球的周长大约为4万公里,这与实际地球周长(40 076公里)相差无几. 他还算出太阳与地球间距离为1.47亿公里,与实际距离1.49亿公里也惊人相近. 这充分反映了埃拉托斯特尼的智慧.

埃拉托斯特尼是首先使用"地理学"名称的人,从此代替传统的"地方志",写成了三卷专著. 书中描述了地球的形状、大小和海陆分布. 埃拉托斯特尼还用经纬网绘制地图,最早把地理学的原理与数学方法相结合,创立了数理地理学.

第12章 平面图形

点、线、面是几何图形的基本要素,三角形是一种基本的几何图形.从古埃及的金字塔到现代的飞机,从宏伟的建筑物到微小的分子结构,处处都有三角形的影子.三角形是最简单的平面图形,也是认识许多其他图形的基础.

本章从几何图形的基本要素讲起,逐渐引领读者认识角、三角形、四边形、圆等基本几何图形.学习本章后,不仅可以进一步认识平面图形,而且还可以了解一些几何中研究问题的基本思想和方法.

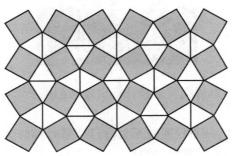

12.1 几何基础知识

唐朝诗人李颀的诗《古从军行》开头两句:"白日登山望烽火,黄昏饮马傍交河."诗中隐含着一个有趣的数学问题.

诗中将军在观望烽火之后从山脚下的 A 点出发,走到河边饮马后再到 B 点宿营,如下图所示.请问怎样走才能使总的路程最短?

$\bullet B$

这个问题早在古罗马时代就有了,传说亚历山大城有一位精通数学和物理的学者,名叫海伦.一天,一位罗马将军专程去拜访他, $A\bullet$
向他请教这个令人百思不得其解的问题.

从此,这个被称为"将军饮马"的问题广泛流传.这个问题的解决并不难,据说海伦略加思索就解决了.

由若干个点、线、面、体组合在一起就构成了几何图形.几何图形包括平面图形和立体

图形.

一、几何图形的基本元素

1. 点

线和线相交于点. 例如:梯形相邻的两条边相交于一点. 因此,也可以说点是线的界限,点只有位置,没有大小(即长、宽、高),不可分割.

在几何中,用大写字母 A,B,C,D⋯表示点,如图 12-1 所示.

2. 线

面和面相交于线,因此可以说线是面的界限. 线包括直线和曲线.

例如:正方体相邻的两个面相交于一条直线(正方体的棱所在的直线);圆锥的侧面与底面相交,得到一条封闭的曲线(底面的圆). 在几何中,线只有长短,没有宽窄、高低、粗细.

3. 面

任何物体都占有一定的空间,都以它的表面与它的周围分割开来,因此也可以说面是体的界限,体是由面围成的. 面包括平面和曲面.

例如:正方体是由六个平面围成的,圆柱是由一个曲面和两个平面围成的,球是由曲面围成的,圆锥是由一个平面和一个曲面围成的. 在几何中,面只有长和宽,没有高(厚度).

二、线的分类

1. 直线

(1)定义

一点在平面或空间中沿着一定方向和其相反方向运动,所成的图形就是直线.

(2)性质

经过一点,可以画无数条直线;经过两点,只能画一条直线;两条直线相交,只有一个交点;直线没有端点,它可以向两边无限延伸,不可以度量.

(3)表示方法

直线可以用表示它上面任意两个点的两个大写字母来表示,也可以用一个小写字母表示. 例如:图 12-2 中的直线 AB 或直线 BA,图 12-3 中的直线 b.

图 12-2　　　　　　　　　　图 12-3

2. 射线

(1)定义

在欧几里得几何学中,直线上的一点和它一旁的部分所组成的图形称为射线. 射线只有一个端点,它从一个端点向另一边无限延长. 射线不可测量.

在生活中,可以看成射线的具体例子很多,比如手电筒射出来的光线,太阳发出的光线等.

（2）表示方法

射线可以用表示其端点及射线上另外一点的两个大写字母表示，并且把表示端点的那个字母写在前面．例如图 12 – 4 中的射线 AB.

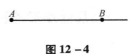

图 12 – 4

3. 线段

（1）定义

直线上两个点和它们之间的部分叫作线段，这两个点叫作线段的端点．线段有长短，可以度量．

（2）性质

在连接两点的所有线中，线段最短．简称为两点之间线段最短．

连接两点的线段的长度叫作这两点间的距离．

（3）表示方法

线段可以用表示它两个端点的字母 A、B 或一个小写字母 a 表示，有时这些字母也表示线段长度，记作线段 AB 或线段 BA，线段 a. 其中 A、B 表示线段的端点．

（4）线段的度量

线段的长度可以度量．方法是把米尺（或直尺等）的 0 刻度线对准线段的一个端点，另一个端点所对的米尺上的刻度线的数，就是线段的长度．

4. 直线、射线、线段的相同点与不同点

直线、射线、线段的相同点与不同点如表 12 – 1 所示．

表 12 – 1

名称	图例	相同点	不同点
直线	———————	直	没有端点 不可度量长度
射线	•———————	直	只有一个端点 不可度量长度
线段	•———————•	直	有两个端点 可以度量长度

5. 曲线

一点移动的方向不断变化所形成的轨迹，称为曲线．在曲线上至少有三点不在同一直线上．

6. 折线

在同一平面内，由不在同一直线上的几条线段首尾顺次相接所组成的图形叫折线．

7. 封闭折线

如果一条折线的首尾两个端点重合，这条折线叫作封闭折线．

三、两点间的距离

在欧氏空间中，两点间的距离是连接这两点的线段的长度；在球面上，两点间的距离是通过两点的大圆的劣弧的长．

四、线与线的关系

1. 相交直线

在同一平面内,如果两条直线只有一个公共点,那么这两条直线叫作相交直线.

（1）斜线、斜足

两条直线相交不成直角时,其中一条直线叫作另一条直线的斜线.

两条直线相交不成直角时,它们的交点叫斜足.

（2）垂直、垂线、垂足

两条直线相交成直角,则这两条直线互相垂直.其中一条直线叫作另一条直线的垂线,它们的交点叫垂足.

（3）垂线的基本性质

过直线上或直线外的一点,有且只有一条直线和已知直线垂直;从直线外一点和这条直线上各点所连的线段中,垂线段最短.

（4）点到直线的距离

从直线外一点到这条直线所画垂线段的长度叫作这点到直线的距离.从直线外一点到这条直线所画的所有线段中,与这条直线垂直的线段最短.

（5）线段的中垂线

过一条线段的中点所作的垂线叫作这条线段的中垂线.

（6）垂线的画法

1）过直线上一点画直线的垂线的方法:

①在直线上点一点（要过这一点画这条直线的垂线）;

②把三角板的一条直角边与这条直线重合;

③慢慢平移三角板,使三角板的边沿直线移动,直到三角板的另一条直角边与直线上的这一点接近重合为止（三角板的边与已知点之间要稍留一些空隙）;

④沿着三角板的另一条直角边画直线,就得出要求作的垂线;

⑤最后标出两条直线相交成直角的符号.

2）过直线外一点画直线的垂线的方法:

①在直线外点一点（这个点是画这条直线的垂线要经过的点）;

②把三角板的一条直角边与直线重合;

③慢慢平移三角板（即三角板的边沿直线移动）,直到三角板的另一条直角边与这一点接近重合为止（三角板的边与已知点之间要稍留一些空隙）;

④沿着三角板的另一条直角边画直线,就得出要求作的垂线.

【注意】不论过直线上一点,还是直线外一点,画一条直线的垂线时,都要先把三角板的一条直角边与直线重合,然后沿着这条直线慢慢平移三角板,直到三角板的另一条直角边与这一点接近重合为止,然后沿着三角板的另一条直角边画出一条直线与已知直线垂直.

2. 平行直线

在同一平面内,永不相交的两条直线叫作平行直线,也可以说这两条直线互相平行.两条直线互相平行时,用符号"∥"表示,如图12-5中当直线 *AB* 与 *EF* 平行时,记作"*AB*∥*EF*",读作"*AB* 平

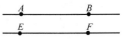

图12-5

行于 *EF*".

（1）公垂线

一条线段同时垂直于两条或两条以上的线段或直线,这条线段就是被垂直的线段或直线的公垂线段. 这条线段的长就是公垂线长.

（2）平行线间的距离

两条直线互相平行时,从一条直线上的任意一点向另一条直线引垂线,所得到的平行线间的垂线段的长,叫作这两条平行线间的距离. 平行线间的距离处处相等.

（3）平行线的画法

我们可以用直尺和三角板画平行线. 画图步骤如下:

1)固定三角板,沿一条直角边先画一条直线;

2)用直尺紧靠三角板的另一条直角边,固定直尺,然后平移三角板;

3)再沿最初画直线的那条直角边画出另一条直线.

用上面的方法,还可以检验两条直线或线段是否互相平行.

（4）平行公理

经过直线外一点,有且只有一条直线与这条直线平行. 由反证法可推出:平行于同一条直线的两条直线必互相平行.

例1 已知平面内的四个点 *A*、*B*、*C*、*D*,过其中两个点画直线,可以画出几条?

分析:两点确定一条直线.

讨论:当四点共线时,可以画 1 条;

当只有三点共线时,可以画 4 条;

当任何三点均不共线时,可以画 6 条.

例2 平面内三条直线的交点个数是多少?

分析:三条直线互相平行,此时交点个数为 0;

三条直线两两相交于同一点,此时交点的个数为 1 个;

三条直线两两相交且不交于同一点,此时交点的个数为 3 个;

两条直线平行,第三条直线与它们相交,此时交点的个数为 2 个.

综上可知,平面内三条直线的交点的情况有以上 4 种.

1. 填空.

（1）经过两点可以画（   ）条直线,经过一点可以画（   ）条直线.

（2）射线有（   ）个端点,直线（   ）端点,线段有（   ）个端点.

（3）在所有连接两点的线中,（   ）最短.

（4）（   ）和（   ）不能度量长度.

2. 数一数:图 12-6 中有几条线段? 把它们写出来.

图 12－6

如图 12－7 所示,从 A 出发向河岸引垂线,垂足为 D,在 AD 的延长线上,取 A 关于河岸的对称点 A',联结 $A'B$,与河岸线相交于 C 点,则 C 点就是饮马的地方,将军只要从 A 出发,沿直线走到 C,饮马之后,再由 C 沿直线走到 B,所走的路程就是最短的.

如果将军在河边的另外任一点 C' 饮马,所走的路程就是 AC' + $C'B$. 而

$$AC' + C'B = A'C' + C'B > A'B = A'C + CB = AC + CB.$$

可见,在 C 点外任何一点 C' 饮马,所走的路程都要较远一些.

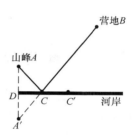

图 12－7

【注意】

1)由做法可知,河岸相当于线段 AA' 的中垂线,所以 $AD = A'D$.

2)由上一条可知,将军走的路程就是 $AC + BC$,就等于 $A'C + BC$,而两点确定一线,所以 C 点为最优点.

有 A、B 两个村庄想在河流的边上建立一个水泵站,已知每米的管道费用是 100 元,A 到河流的距离 AD 是 1 km,B 到河流的距离 BE 是 3 km,DE 长 3 km. 请问这个水泵站应该建立在哪里会使费用最少,为多少?

解:如图 12－8 所示,C 点为水泵站的最佳位置.

依题意,所铺设的水管长度就是 $AC + BC$,即 $A'C + BC$ $= A'B$ 的长度. 因为

$$EF = A'D = AD = 1 \text{ km},$$

所以

$$BF = BE + EF = 4 \text{ km},$$

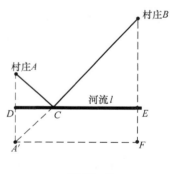

图 12－8

又 $A'F = DE = 3$ km,在 Rt△$A'BF$ 中,$A'B^2 = A'F^2 + BF^2$,所以 $A'B = 5$ km,所以总费用为

$$5 \times 1\,000 \times 100 = 500\,000(\text{元}).$$

几何学的产生

几何学是由古代测量土地的技术发展起来的,公元前 300 年左右希腊数学家欧几里得

（公元前325—公元前265年）在总结前人积累的几何知识的基础上，写成了《几何原本》，形成了欧氏几何，按照所讨论的图形是在平面上或空间中将几何分别称为平面几何与立体几何。17世纪由于工业迅速发展的需要，产生了解析几何。到了18和19世纪又产生了画法几何、射影几何。在19世纪20年代产生了非欧几何。

12.2 角

在我们看电影或电视剧时，当有航海的画面时，常常听到船长口述轮船的航向，比如北偏东20°。这时就需要舵手根据命令调整航向。这里的北偏东20°就是由北向东偏转的角，那什么是角呢？

一、角的定义

从一点引出两条射线所组成的图形叫作角。这个点叫作角的顶点，这两条射线叫作角的边。角通常用符号"∠"表示。

如图12-9(a)、(b)所示，这个角可记作∠AOB或∠BOA，也可以记作∠1。O为角的顶点，OA、OB为角的两条边。角也可以看成是由一条射线绕着它的端点旋转而成的。如图12-9(b)中，一条射线OA，绕着它的端点O旋转到另一个位置OB，就形成了一个角。

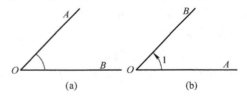

(a)   (b)

图12-9

【注意】角的大小与角的两条边的长短无关，与角的两边张开的大小有关，角的两边张开得越大，角就越大，角的两边张开得越小，角就越小。

二、角的分类

(1) 锐角
大于0°、小于90°的角叫锐角。
(2) 直角
等于90°的角叫直角。直角可以用符号"Rt∠"表示。
(3) 钝角
大于90°而小于180°的角叫钝角。

（4）平角

一条射线绕着它的端点旋转,当终边和始边成一条直线时,所成的角叫平角. 平角等于 180°,平角的两条边互为反向延长线.

（5）周角

一条射线绕着它的端点旋转一周所形成的角叫周角,周角等于 360°.

1 周角 = 2 平角;1 平角 = 2 直角.

【注意】平角的顶点及两条边在同一条直线上,但不能说"平角是一条直线"或"一条直线就是一个平角". 同样,不能说"周角是一条射线"或"一条射线是一个周角".

（6）劣角、优角

大于 0°、小于 180°的角叫劣角,大于平角、小于周角的角叫优角.

三、角与角之间的关系

1. 余角与补角

（1）余角

若∠1 + ∠2 = 90°,则∠1 和∠2 互为余角,简称互余,也就是说∠1 是∠2 的余角,∠2 是∠1 的余角,∠1 和∠2 互余.

（2）补角

两个角的和等于 180°时,则称这两个角互为补角,简称互补. 如:∠1 + ∠2 = 180°,则 ∠1 和∠2 互为补角,也就是说∠1 是∠2 的补角,∠2 是∠1 的补角,∠1 和∠2 互补.

同角（或等角）的余角相等,同角（或等角）的补角相等.

2. 对顶角

若一个角的两边分别是另一个角的两边的反向延长线,则这两个角叫作对顶角. 如图 12 - 10（a）中∠1 和∠2 是一组对顶角,∠3 和∠4 是一组对顶角.

对顶角的特征:有两个角;有一个公共顶点;角的两边互为反向延长线.

对顶角的性质:对顶角相等.

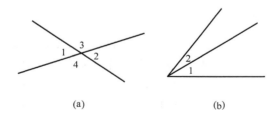

(a)   (b)

图 12 - 10

3. 邻角与邻补角

如果两个角的顶点重合,它们的一条边也重合,并且两个角分别位于这条公共边的两侧,则称这两个角互为邻角,如图 12 - 10（b）中的∠1 和∠2 互为邻角,∠1 是∠2 的邻角, ∠2 是∠1 的邻角.

如果把一个角的一边反方向延长,这条反方向延长线与这个角的另一边构成的角和原来的角互为邻补角,如图 12 - 10（a）中∠1 和∠3,∠2 和∠4 都互为邻补角.

4. 同位角、内错角、外错角、同旁内角、同旁外角

如图 12 – 11 所示,两条直线 a、b 被第三条直线 c 所截,构成的八个角中(简称为三线八角),有公共顶点的两个角或者是对顶角,或者是邻补角. 那么没有公共顶点两个角之间有什么关系呢?

(1)同位角

$\angle 1$ 与 $\angle 5$ 分别在直线 a、b 的同侧,并且在第三条直线 c 的同旁,把具有这种位置特征的一对角叫同位角. 又如 $\angle 2$ 与 $\angle 6$,$\angle 3$ 与 $\angle 7$,$\angle 4$ 与 $\angle 8$ 都具有这种位置特征,所以也叫同位角.

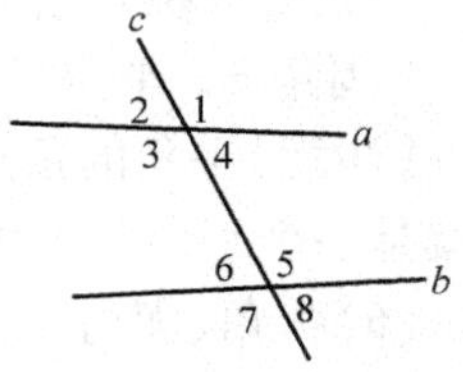

(2)内错角

$\angle 3$ 与 $\angle 5$ 都在两条直线 a、b 的内部(之间),并且位置交错(在截线 c 的两旁),所以这样的一对角叫内错角. 同理可知,$\angle 4$ 与 $\angle 6$ 也是内错角.

图 12 – 11

(3)外错角

$\angle 2$ 与 $\angle 8$ 都在两条直线 a、b 的外部,并且位置交错(在截线 c 的两旁),所以这样的一对角叫外错角. 同理可知,$\angle 1$ 与 $\angle 7$ 也是外错角.

(4)同旁内角

$\angle 3$ 与 $\angle 6$ 都在两条直线 a、b 的内部,并且在截线 c 的同旁,所以这样的一对角叫同旁内角. 同理可知,$\angle 4$ 与 $\angle 5$ 也是同旁内角.

(5)同旁外角

$\angle 1$ 与 $\angle 8$ 都在直线 a、b 的外部,并且在截线 c 的同旁,所以这样的一对角叫同旁外角. 同理可知,$\angle 2$ 与 $\angle 7$ 也是同旁外角.

四、角平分线

从角的顶点出发,平分这个角的射线,叫作这个角的角平分线. 角平分线上的点到角两边的距离相等.

五、角的度量

用来表示角的大小的量,称为角度. 角度是一种度量角的单位. 度量角的单位用符号"°"表示,1 度可记作" 1°".1 度的角,就是把一个周角平均分成 360 份,其中的 1 份就是 1°.

度量角的工具一般是量角器. 量角器的形状一般是半圆,它把半圆平均分成 180 份,每 1 份所对的角是 1°. 量角器的刻度由两个半圆组成,按逆时针方向,内圈刻度由 0° 到 180°,外圈刻度由 180° 到 0°.

用量角器量角时,要把量角器放在角的上面,使量角器的中心和角的顶点重合,0 刻度线和角的一条边重合,角的另一条边所对的量角器上的刻度,就是这个角的度数.

【注意】量角时,如果用的是内圈刻度的 0 刻度线,就读角的另一边所对的量角器上的内圈刻度;如果用的是外圈刻度的 0 刻度线,就读角的另一边所对的量角器上的外圈刻度.

六、角的画法

知道一个角的度数,可以用量角器把这个角画出来.

例如:画一个 85°的角,画法步骤如下.

1)先画一条射线 OA ,使量角器的中心和射线的端点 O 重合,0 刻度线和射线重合.

2)在量角器 85°刻度线的地方点一个点 B .

3)移开量角器,连接 O、B , $\angle AOB$ 就是要求画的角.

七、角的大小的比较

(1)叠合法

先把两个角的顶点和一条边重合,另一条边在同一方向,然后看另一条边的位置. 哪个角的另一条边在外面,哪个角就大. 如果另一条边也重合,说明两个角相等. 即角的两边张开得越大,角越大,角的两边张开得越小,角越小.

(2)用量角器量角

哪个角的度数大,哪个角就大.

例 如图 2 - 12 所示,直线 AB、CD 相交于点 O ,OE 是 $\angle AOC$ 的平分线, $\angle 1 = 17°$,则 $\angle 2 =$ ____°, $\angle 3 =$ ____°.

分析:因为直线 AB、CD 相交于点 O ,所以 $\angle 2$ 与 $\angle AOC$ 是对顶角,即 $\angle 2 = \angle AOC$.

又因为 OE 是 $\angle AOC$ 的平分线,所以

$$\angle AOC = 2\angle 1 = 34°,$$

即 $\angle 2 = 34°$.

又因为 $\angle 3 + \angle 2 = 180°$,所以 $\angle 3 = 146°$.

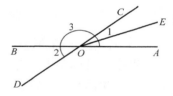

图 12 - 12

1. 填空.

(1)①$\angle \alpha$ 的补角是 137° ,则 $\angle \alpha =$ _____° , $\angle \alpha$ 的余角是_____° ;

②65°15′的角的余角是____°____′ ,35°59′的角的补角是____°____′.

(2)①一个角的补角是这个角的 3 倍,则这个角的余角为_____° ;

②一个角的补角比这个角的余角大_____°.

(3)如图 12 - 13 所示,写出所有的对顶角_____.

(4)如图 12 - 14 所示,O 是直线 AB 上的一点.

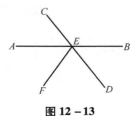

图 12 - 13

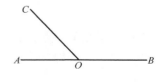

图 12 - 14

①若∠AOC = 32°48′56″,则∠BOC = ____°____′____″;

②若∠BOC = $\frac{3}{5}$∠AOB,则∠AOC = _____°.

(5)两条直线相交得到的四个角中,其中一个角是45°,则其余三个角分别是_____°,
_____°,_____°.

(6)①153°19′46″ + 25°55′32″ = ____°____′____″;

②180° − 84°49′59″ = ____°____′____″;

③86°19′27″ + 7°23′58″ × 3 = ____°____′____″.

(7)已知 OM 是∠AOB 的平分线,射线 OC 在∠BOM 的内部,ON 是∠BOC 的平分线,若
∠AOC = 80°,则∠MON = _____°.

2. 选择.

(1)∠1 与∠2 是对顶角的正确图形是( ).

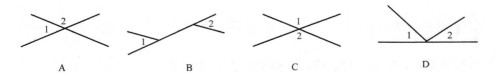

A   B   C   D

(2)下列说法正确的是( ).

A. 两个互补的角中必有一个是钝角

B. 一个角的补角一定比这个角大

C. 互补的两个角中,至少有一个角大于或等于直角

D. 相等的角是对顶角

(3)如图 12 – 15 所示,直线 AB、CD 相交于 O 点,因
为∠1 + ∠3 = 180°,∠2 + ∠3 = 180°,所以∠1 = ∠2,其
推理根据是( ).

A. 同角的余角相等   B. 等角的余角相等

C. 同角的补角相等   D. 等角的补角相等

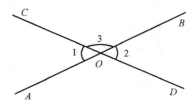

图 12 – 15

(4)如图 12 – 16 所示,∠AOB = ∠COD = 90°,∠AOC = n°,则
∠BOD 的度数是( ).

A. 90° + n° B. 90° + 2n° C. 180° − n° D. 180° − 2n°

(5)如果∠1 与∠2 互为补角,∠1 > ∠2,那么∠2 的余角等
于( ).

A. $\frac{1}{2}$(∠1 + ∠2) B. $\frac{1}{2}$∠1 C. $\frac{1}{2}$(∠1 − ∠2) D. ∠1
− ∠2

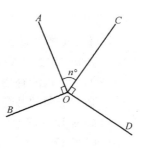

图 12 – 16

(6)三条直线相交于一点,则组成小于 180°的对顶角的对数一共有( ).

A. 三对   B. 四对   C. 五对   D. 六对

3. 解答题.

(1)如图 12 – 17 所示,已知∠BAC = 90°,AD 平分∠BAC,请写出图中所有互余与互补的角.

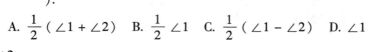

（2）若 ∠1 与 ∠2 互余, ∠2 与 ∠3 互补, ∠1 = 63°, 求 ∠3.

（3）一个角的余角与这个角的补角的和比平角的 $\frac{3}{4}$ 多 1°, 求这个角.

（4）如图 12 – 18 所示, 直线 AB、CD 相交于点 O, OE 平分 ∠AOC, ∠BOC − ∠BOD = 20°, 求 ∠BOE 的度数.

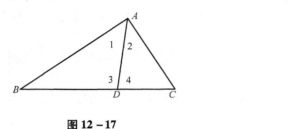

图 12 – 17

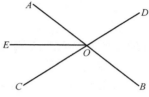

图 12 – 18

（5）如图 12 – 19 所示, 已知 ∠BOC = 2∠AOC, OD 平分 ∠AOB, 且 ∠COD = 29°, 求 ∠AOB 的度数.

（6）如图 12 – 20 所示, OB 平分 ∠AOC, 且 ∠2 : ∠3 : ∠4 = 1 : 3 : 4, 求 ∠1、∠2、∠3、∠4.

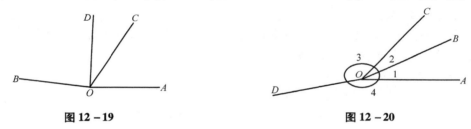

图 12 – 19　　　　　　　　　　　图 12 – 20

12.3　三角形

情境再现

同学们, 在生活中你们都遇到过哪些平面图形呢? 你能举出一些实际生活中三角形的例子吗?

知识链接

一、三角形的认识

1. 三角形的定义

三角形的定义有如下几种:

1）由三条线段首尾顺次相连所围成的图形叫三角形;

2）有三条边的多边形叫三角形;

3）把不在一条直线上的三个点, 两两连接起来所得到的图形叫三角形.

2. 三角形的边、顶点、内角

围成三角形的三条线段叫作三角形的边,每两条线段的交点叫作三角形的顶点. 相邻两条边所组成的角叫作三角形的内角,简称三角形的角.

3. 三角形的高、底、垂心

从三角形的一个顶点到它的对边作一条垂线,顶点和垂足之间的线段叫作三角形的高,这条对边叫作三角形的底. 任意三角形的三条高(或其延长线)交于一点,这个点叫作三角形的垂心.

三角形的底和高是相对应的.

4. 三角形的中线

在一个三角形中,连接一个顶点和它的对边中点的线段叫作三角形的中线. 中线的叙述方法是:AD 是 $\triangle ABC$ 的中线. 也可以叙述如下:

1) AD 是 $\triangle ABC$ 的 BC 边的中线;

2) 点 D 是 BC 边的中点;

3) $BD = CD = \dfrac{1}{2}BC$.

5. 三角形的角平分线

三角形的一个角的平分线与这个角的对边相交,这个角的顶点与交点之间的线段叫作三角形的角平分线,如图 12-21 所示.

6. 三角形的中位线

(1)定义

在一个三角形中,连接两条边中点的线段叫作三角形的中位线.

(2)性质

三角形的中位线平行于底边,并且是底边长的一半.

如图 12-22 所示,在 $\triangle ABC$ 中,D、E 分别是 AB、AC 边上的中点,则 DE 是 $\triangle ABC$ 的中位线,且 $DE = \dfrac{1}{2}BC$.

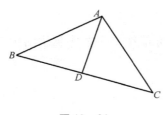

图 12-21

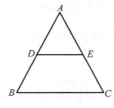

图 12-22

7. 三角形的内心

三角形的三条内角平分线相交于一点,这个点叫作三角形的内心.

8. 三角形的外心

三角形的三条边的垂直平分线相交于一点,这个点叫作三角形的外心.

9. 三角形的重心

三角形的三条中线相交于一点,这个点就是三角形的重心.

二、三角形的性质

1. 三角形的特性

三角形具有稳定性．三角形的这种特性,在生活中被广泛应用．如三条腿的板凳．

2. 三角形的内角和

三角形三个内角的和等于180°.

根据这一规律,如果知道三角形中任意两个角的度数,就能求出第三个角的度数．

3. 勾股定理

直角三角形两条直角边的平方和等于斜边的平方．如图 12 − 23 所示,即 $c^2 = a^2 + b^2$ (c 为斜边).

4. 三角形的边角关系

1)等边对等角,大边对大角．逆命题也成立．

2)在直角三角形中,30°角所对直角边长等于斜边长的一半．如图 12 − 24 所示,在 △ABC 中,若 ∠C = 90°, ∠A = 30°,则 $CB = \dfrac{1}{2}AB$. 逆命题也成立．

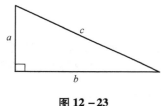

图 12 − 23

图 12 − 24

三、三角形的分类

1. 按边分类

(1)不等边三角形

三条边都不相等的三角形叫作不等边三角形．

(2)等腰三角形

两条边相等的三角形叫作等腰三角形．

在等腰三角形里,相等的两条边叫作腰,另一条边叫作底,两腰的夹角叫作顶角,底边上的两个角叫作底角,等腰三角形的两腰相等,两个底角也相等．

(3)等边三角形

三条边都相等的三角形叫作等边三角形,又叫作正三角形．等边三角形是特殊的等腰三角形,等边三角形三个内角都相等,等于60°.

$$三角形\begin{cases}等腰三角形\begin{cases}腰和底不等的等腰三角形\\等边三角形\end{cases}\\不等边三角形\end{cases}$$

2. 按角分类

（1）锐角三角形

三个内角都是锐角的三角形叫作锐角三角形．

（2）直角三角形

有一个角是直角的三角形叫作直角三角形．

（3）钝角三角形

有一个角是钝角的三角形叫作钝角三角形．

（4）斜三角形

锐角三角形和钝角三角形统称为斜三角形．

$$三角形\begin{cases} 直角三角形 \\ 斜三角形\begin{cases} 锐角三角形 \\ 钝角三角形 \end{cases} \end{cases}$$

四、三角形的周长

三角形三条边的长度之和叫作三角形的周长．

五、三角形的面积

两个形状、大小完全相同的三角形，可以拼成一个平行四边形．这个平行四边形的底就是三角形的底，高就是三角形的高．每个三角形的面积是所拼成的平行四边形的面积的一半（二分之一）．平行四边形的面积 = 底 × 高，三角形的面积 = $\frac{1}{2}$ 底 × 高．

如果用 a 表示三角形的底，用 h 表示这个底上的高，用 S 表示三角形的面积，三角形的面积公式是：$S = \frac{1}{2}ah$．

 案例分析

例 如图 12 - 25 所示，在 △ABC 中，$\angle 1 = \angle 2$，$\angle 3 = \angle 4$，$\angle 5 = \angle 6$．$\angle A = 60°$．求 $\angle ECF$ 和 $\angle FEC$ 的度数．

分析：因为 $\angle A = 60°$，所以

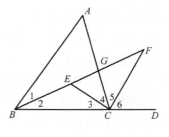

图 12 - 25

$$\angle 2 + \angle 3 = \frac{1}{2}(180° - 60°) = 60°，$$

又因为 $\angle 3 = \angle 4$，$\angle 5 = \angle 6$，$B、C、D$ 三点共线，所以

$$\angle 4 + \angle 5 = 90°．$$

于是

$$\angle FEC = \angle 2 + \angle 3 = 60°，$$

$$\angle FCE = \angle 4 + \angle 5 = 90°．$$

1. 填空.

（1）在 △ABC 中,已知 ∠A = 30°, ∠B = 70°,则 ∠C 的度数是(   )°.

（2）在 Rt△ABC 中,一个锐角为 30°,则另一个锐角为(   )°.

（3）按三角形内角的大小可以把三角形分为(   )三角形、(   )三角形、(   )三角形.

（4）已知一个三角形的三条边长为 2°、7°、x,则 x 的取值范围是(   ).

（5）等腰三角形一边的长是 4°,另一边的长是 8°,则它的周长是(   ).

（6）已知三角形的两边长分别是 2 cm 和 5 cm,第三边长是奇数,则第三边的长是(   ).

（7）如图 12-26 所示,CD 是 Rt△ABC 斜边上的高,与 ∠A 相等的角是(   ),理由是(   ).

（8）如图 12-27 所示,AD 是 △ABC 的 BC 边上的中线,△ABC 的面积为 100 cm²,则 △ABD 的面积是(   ) cm².

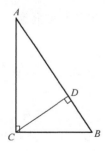

图 12-26

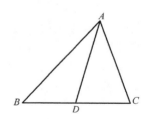

图 12-27

（9）如图 12-28 所示,在 △ABC 中,CE,BF 是两条高,若 ∠A = 70°, ∠BCE = 30°,则 ∠EBF 的度数是(   )°, ∠FBC 的度数是(   )°.

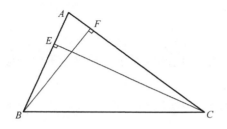

图 12-28

（10）如图 12-29 所示,在 △ABC 中,两条角平分线 BD 和 CE 相交于点 O,若 ∠BOC = 116°,那么 ∠A 的度数是(   )°.

（11）若三角形的三个内角的度数之比为 1:2:6,则这三个内角的度数分别是(   ).

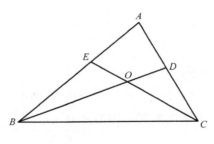

图 12-29

2. 选择.

（1）下列各组数中不可能是一个三角形的边长的是（   ）.

    A. 5,12,13   B. 5,7,7   C. 5,7,12   D. 101,102,103

（2）三角形中至少有一个角大于或等于（   ）.

    A. 45°   B. 55°   C. 60°   D. 65°

（3）如果直角三角形的一个锐角是另一个锐角的 4 倍,那么这个直角三角形中一个锐角的度数是（   ）.

    A. 9°   B. 18°   C. 27°   D. 36°

（4）下列说法正确的是（   ）.

    A. 两个周长相等的长方形全等   B. 两个周长相等的三角形全等

    C. 两个面积相等的长方形全等   D. 两个周长相等的圆全等

（5）判定两个三角形全等,给出如下四组条件:

①两边和一角对应相等;②两角和一边对应相等;

③两个直角三角形中斜边和一条直角边对应相等;④三个角对应相等.

其中能判定这两个三角形全等的条件是（   ）.

    A. ①和②   B. ①和④   C. ②和③   D. ③和④

3. 作一作（不要求写作法,保留作图痕迹）. 已知线段 a 及 ∠1,①用尺规作 △ABC,使得 $AC = a$,$AB = 2a$,∠A = ∠1;②作 AC 边上的高线 BD.

12.4　四边形

生活中常见的门、窗、书本、电脑的显示器等都是平面图形,你知道它们是什么图形吗?

一、四边形

1. 凸四边形

（1）定义

凸四边形就是没有角度数大于 180° 的四边形,把四边形的任何一边向两方延长,其他各边都在延长所得直线的同一旁．像平行四边形、矩形、菱形、正方形等图形,都是凸四边形．平行四边形包括普通平行四边形、矩形、菱形、正方形．梯形包括普通梯形、直角梯形、等腰梯形．

(2)性质

1)任意一边所在直线不经过其他的线段,即其他三边在第四边所在直线的一边．

2)凸四边形的内角和和外角和均为 360°.

2. 凹四边形

(1)定义

把四边形的某些边向两方延长,其他各边有不在延长所得直线的同一旁(这样的边有且仅有两条),这样的四边形叫作凹四边形．

(2)性质

凹四边形区别于凸四边形的是有且仅有一个角大于 180°. 小于 360°,其余三个角中,与最大角相邻的两个角一定是锐角,且一定小于那个最大角的对角(最大角的对角可以是锐角、直角或钝角．其外角等于其他三个内角之和).

3. 中点四边形

(1)定义

依次连接四边形各边中点所得的四边形称为中点四边形．

(2)性质

不管原四边形的形状怎样改变,中点四边形的形状始终是平行四边形．中点四边形的形状取决于原四边形的对角线．若原四边形的对角线垂直,则中点四边形为矩形;若原四边形的对角线相等,则中点四边形为菱形;若原四边形的对角线既垂直又相等,则中点四边形为正方形．

习题演练

1. 说出下列图形是凸四边形还是凹四边形．

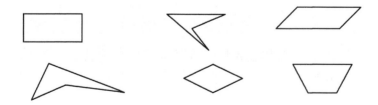

2. 按要求作出下列图形．

(1)中点四边形是矩形的四边形及中点四边形．

(2)作一个任意凹四边形．

(3)中点四边形是菱形的四边形及中点四边形．

(4)中点四边形是正方形的四边形及中点四边形．

二、平行四边形

（1）定义

在同一平面内两组对边分别平行的四边形叫作平行四边形，如图 12-30 所示．

（2）性质

1）如果一个四边形是平行四边形，那么这个四边形的两组对边分别

图 12-30

相等．简述为"平行四边形的两组对边分别相等"．

2）如果一个四边形是平行四边形，那么这个四边形的两组对角分别

相等．简述为"平行四边形的两组对角分别相等"．

3）如果一个四边形是平行四边形，那么这个四边形的邻角互补．简述为"平行四边形的邻角互补"．

4）夹在两条平行线间的平行线段相等．

5）如果一个四边形是平行四边形，那么这个四边形的两条对角线互相平分．简述为"平行四边形的对角线互相平分"．

（3）平行四边形的判定

1）如果一个四边形的两组对边分别相等，那么这个四边形是平行四边形．简述为"两组对边分别相等的四边形是平行四边形"．

2）如果一个四边形的一组对边平行且相等，那么这个四边形是平行四边形．简述为"一组对边平行且相等的四边形是平行四边形"．

3）如果一个四边形的两条对角线互相平分，那么这个四边形是平行四边形．简述为"对角线互相平分的四边形是平行四边形"．

4）如果一个四边形的两组对角分别相等，那么这个四边形是平行四边形．简述为"两组对角分别相等的四边形是平行四边形"．

5）如果一个四边形的两组对边分别平行，那么这个四边形是平行四边形．简述为"两组对边分别平行的四边形是平行四边形"．

（4）面积

平行四边形的面积公式：底×高．如用"h"表示高，"a"表示底，"S"表示平行四边形面积，则 $S = ah$．

（5）周长

平行四边形的周长 =2×两邻边的和．如用"a""b"分别表示两邻边，"C"表示平行四边形的周长，则 $C = 2(a + b)$．

例 如图 12-31 所示，$\square ABCD$ 的周长为 16 cm，AC、BD
相交于点 O，$OE \perp AC$ 交 AD 于 E，则 $\triangle DCE$ 的周长为（   ）

A. 4 cm　　　B. 6 cm　C. 8 cm　　　D. 10 cm

思路点拨：由题意知，$AD + CD = 8$ cm．$\square ABCD$ 中，AC、
BD 互相平分，则 OE 为 AC 的垂直平分线，所以 $EC = EA$．

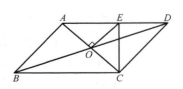

图 12-31

因此
$$C_{\triangle DCE} = DE + EC + CD = DE + EA + CD = AD + CD = 8 \text{ cm}.$$

方法点拨：少数学生未能意识到 OE 是 AC 的垂直平分线而无法选择.

突破方法：平行四边形对角线互相平分，所以 O 为 AC 中点，$OE \perp AC$，因此 OE 是 AC 的垂直平分线.

解题关键：将 $\triangle DCE$ 的周长转化为 AD 与 CD 的和.

 **习题演练**

1. 你能从下图中找出平行四边形吗？

2. $\square ABCD$ 的周长是 30 cm，AC、BD 相交于点 O，$\triangle OAB$ 的周长比 $\triangle OBC$ 的周长大 3 cm，则 $AB =$ _____ cm.

3. 如图 12-32 所示，在 $\square ABCD$ 中，$AE \perp BD$ 于 E，$\angle EAD = 60°$，$AE = 2$，$AC + BD = 16$，则 $\triangle BOC$ 的周长为 _____ cm.

4. 如图 12-33 所示，$\square ABCD$ 的周长为 30，$AE \perp BC$ 于点 E，$AF \perp CD$ 于点 F，且 $AE:AF = 2:3$，$\angle C = 120°$，则平行四边形 $ABCD$ 的面积为 _____.

5. 如图 12-34 所示，在 $\square ABCD$ 中，$\angle 1 = \angle B = 50°$，则 $\angle 2 =$ _____°.

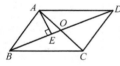 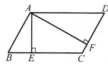

图 12-32　　　　图 12-33　　　　图 12-34

6. 已知 $\square ABCD$ 的对角线 AC 和 BD 相交于点 O，如果 $\triangle AOB$ 的面积是 3，那么 $\square ABCD$ 的面积等于 _____.

7. 如图 12-35 所示，已知 $\square ABCD$ 的周长为 60 cm，对角线 AC、BD 相交于点 O，$\triangle AOB$ 的周长比 $\triangle BOC$ 的周长长 8 cm，求这个平行四边形各边长.

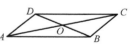

图 12-35

8. 如图 12-36 所示，在 $\square ABCD$ 中，$\angle A:\angle B = 2:7$，求 $\angle C$ 的度数.

三、矩形

（1）定义
有一个角是直角的平行四边形叫作矩形，如图 12-37 所示.

（2）性质
1）矩形的四个角都是直角.
2）矩形的对角线相等.

图 12-36

图 12-37

【注意】矩形具有平行四边形的一切性质.

（3）判定

1）有一个角是直角的平行四边形叫作矩形.

2）四个角都相等的四边形是矩形.

3）对角线相等的平行四边形是矩形.

4）对角线相等且互相平分的四边形是矩形.

5）有三个角是直角的四边形是矩形.

（4）面积

设矩形的两条邻边边长分别为 a 和 b，则面积为 ab，即 $S=ab$.

（5）周长

设矩形的两条邻边边长分别为 a 和 b，则周长为 $(2a+2b)$，即 $C=2(a+b)$.

 习题演练

1. 如图 12-38 所示，在矩形 $ABCD$ 中，E,F,G,H 分别为边 AB,BC,CD,DA 的中点. 若 $AB=2$，$AD=4$，则图中阴影部分的面积为(   ).

  A. 3   B. 4   C. 6   D. 8

2. 如图 12-39 所示，四边形 $ABCD$ 是矩形，则图中相等的线段有＿＿＿＿＿＿，图中相等的角有＿＿＿＿＿＿.

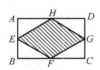

图 12-38

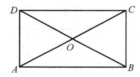

图 12-39

3. 如图 12-40 所示，矩形 $ABCD$ 的两条对角线相交于点 O，$\angle AOD=60°$，$AD=2$，求 AC 的长是多少？

四、菱形

（1）定义

有一组邻边相等的平行四边形叫作菱形，如图 12-41 所示.

（2）性质

1）菱形的四条边都相等.

2）菱形的对角线互相垂直，并且每一条对角线平分一组对角.

【注意】菱形具有平行四边形的一切性质.

（3）判定

1）有一组邻边相等的平行四边形是菱形.

2）四条边都相等的四边形是菱形.

3）对角线互相垂直的平行四边形是菱形.

4）有一条对角线平分一组对角的平行四边形是菱形.

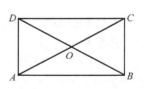

图 12-40

图 12-41

5) 对角线互相垂直且平分的四边形是菱形.

（4）面积

菱形的面积等于对角线乘积的一半（只要是对角线互相垂直的四边形都适用）. 即 $S = \dfrac{1}{2}ab$（其中 a、b 为菱形的两条对角线长度）.

（5）周长

菱形周长 = 边长×4. 用 a 表示菱形的边长，C 表示菱形的周长，则 $C = 4a$.

 **案例分析**

例　如图 12 - 42，菱形 $ABCD$ 中，对角线 AC 与 BD 相交于点 O，$OE \parallel DC$ 交 BC 于点 E，$AD = 6\text{cm}$，则 OE 的长为（　　）.

A. 6 cm　　　B. 4 cm　　　C. 3 cm　　　D. 2 cm

思路点拨：菱形 $ABCD$ 中，$AD = CD = 6$，因为 $OE \parallel DC$，又因为 O 是 BD 中点，所以 $OE = \dfrac{1}{2}CD = 3$.

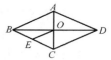

图 12 - 42

方法点拨：解题关键是线段 OE 的一个端点 O 为对角线的中点，要求 OE 长，只需证明 OE 是中位线.

 **习题演练**

1. 已知菱形的周长为 40 cm，两条对角线之比为 3:4，则菱形面积为_____cm^2.

2. 四边形 $ABCD$ 是菱形，点 O 是两条对角线的交点，$AB = 5$ cm，$AO = 4$ cm，求两条对角线 AC 和 BD 的长.

3. 菱形的两条对角线的长分别是 6 cm 和 8 cm，求菱形的周长和面积.

五、正方形

（1）定义

有一组邻边相等并且有一个角是直角的平行四边形叫作正方形，如图 12 - 43 所示.

（2）性质

图 12 - 43

1) 正方形的四个角都是直角，四条边都相等.

2) 正方形的两条对角线相等，并且互相垂直平分，每条对角线平分一组对角.

（3）判定

因为正方形具有平行四边形、矩形、菱形的一切性质，所以我们判定正方形有四个途径.

1) 有一组邻边相等的矩形是正方形.

2) 有一个角是直角的菱形是正方形.

3) 两条对角线相等，且互相垂直平分的四边形是正方形.

4)两条对角线相等,且互相垂直的平行四边形是正方形.

(4)面积

正方形面积＝边长的平方,即 $S=a^2$(S 表示正方形的面积,a 表示正方形的边长).

(5)周长

正方形周长＝边长 $\times 4$,即 $C=4a$,a 表示正方形的边长,"C"表示正方形的周长,

1. 满足下列条件的四边形是不是正方形? 为什么?

(1)对角线互相垂直且相等的平行四边形;

(2)对角线互相垂直的矩形;

(3)对角线相等的菱形;

(4)对角线互相垂直平分且相等的四边形.

2. 如图 12 - 44 所示,$ABCD$ 是一块正方形场地,小明和小李在 AB 边上取了一点 E,测量出 $EC=50$ m,$EB=30$ m,这块场地的面积和对角线长分别是多少?

图 12 - 44

六、梯形

(1)定义

一组对边平行而另一组对边不平行的四边形叫作梯形(或一组对边平行且不相等的四边形叫作梯形),如图 12 - 45 所示.

(a) (b) 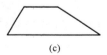(c)

图 12 - 45

1)直角梯形:一腰垂直于底的梯形叫作直角梯形,如图 12 - 45(a)所示.

2)等腰梯形:两腰相等的梯形叫作等腰梯形,如图 12 - 45(b)所示.

等腰梯形的性质:

①等腰梯形两腰相等、两底平行;

②等腰梯形在同一底上的两个内角相等;

③等腰梯形的对角线相等(可能垂直);

④等腰梯形是轴对称图形,它只有一条对称轴,任一底的垂直平分线是它的对称轴.

等腰梯形的判定:

①两腰相等的梯形是等腰梯形;

②在同一底上的两个角相等的梯形是等腰梯形;

③对角线相等的梯形是等腰梯形.

(2)面积

$$S_{梯形}=\frac{(a+b)}{2}h$$ (其中 a、b 分别为梯形的上底和下底,h 为梯形的高).

$S_{梯形}$ = 梯形中位线×高.

（3）周长

梯形的周长 = 上底 + 下底 + 腰 + 腰,用 a、b、c、d 分别表示梯形的上底、下底、两腰,C 表示梯形的周长,则 $C = a + b + c + d$.

 **案例分析**

例　如图 12－46 所示,小亮用六块形状、大小完全相同的等腰梯形拼成一个四边形,则图中∠α的度数是(　　).

　　A. 60°　　　B. 55°　　　C. 50°　　　D. 45°

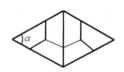

图 12－46

思路点拨:观察图形,在等腰梯形的一个上底角顶点处有三个上底角,因而等腰梯形上底角等于 120°,所以 ∠α =60°. 所以选 A.

方法点拨:部分学生对于本题不易找到解题思路,不能完整解答,通常是进行猜测.

突破方法:牢牢抓住图中是六块全等的等腰梯形,因而各对应底角相等.

解题关键:以三个等腰梯形形成镶嵌的某个顶点处分析,三个相等的底角和为 360°,所以每个上底角等于 120°,下底角为 60°.

 **习题演练**

1. 如图 12－47 所示,将一张等腰直角三角形纸片沿中位线剪开,可以拼出不同形状的四边形,请写出其中两个不同的四边形的名称:＿＿＿＿＿＿＿.

2. 若梯形的面积为 6 cm²,高为 2 cm,则此梯形的中位线长为＿＿＿ cm.

3. 在平行四边形、矩形、菱形、正方形、等腰梯形的五种图形中,既是轴对称又是中心对称的图形是＿＿＿＿＿＿＿.

4. 画一个等腰梯形,使它的上、下底分别是 5 cm、11 cm,高为 4 cm,并计算它的周长和面积.

5. 如图 12－48 所示,梯形 $ABCD$ 中,$AD//BC$,BD 为对角线,中位线 EF 交 BD 于 O 点,若 $FO - EO = 3$,则 $BC - AD$ 等于(　　)

　　A. 4　　　B. 6　　　C. 8　　　D. 10

图 12－47

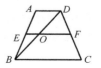

图 12－48

12.5　圆

圆是一种常见的平面图形,在我们的日常生活中有着广泛的应用.需要在学生掌握了直线图形的周长和面积计算,并且对圆已有初步认识的基础上进行教学.教材通过对圆的研究,使学生初步认识到研究曲线图形的基本方法.同时,也渗透了曲线图形与直线图形的关系.这样不仅扩展了知识面,而且从空间观念上来说,也进入了新的领域.因此,通过对圆的认识,不仅能提高解决问题的能力,而且也为学习圆的周长、面积以及圆柱和圆锥打下良好的基础.

一、圆

在同一平面内,到定点的距离等于定长的点的集合叫作圆,如图12－49所示.

二、圆的相关概念

图 12－49

(1)圆心

这个定点叫作圆的圆心.图形一周的长度,就是圆的周长.

(2)半径

连接圆心和圆上的任意一点的线段叫作半径,字母表示为 r.

(3)直径

通过圆心并且两端都在圆上的线段叫作直径,字母表示为 d.直径所在的直线是圆的对称轴.

(4)弦

连接圆上任意两点的线段叫作弦.最长的弦是直径.

(5)圆弧

圆上任意两点间的部分叫作圆弧,简称弧.大于半圆的弧称为优弧,优弧用三个字母表示.小于半圆的弧称为劣弧,劣弧用两个字母表示.半圆既不是优弧,也不是劣弧.

(6)圆的周长公式

$$C = \pi d = 2\pi r \approx 6.28r.$$

从而,半圆的弧长公式为

$$C_{半圆} = \pi r \approx 3.14r.$$

(7)圆的面积公式

$$S = \pi r^2.$$

半圆的面积公式为

$$S_{半圆} = \frac{\pi r^2}{2}.$$

（8）扇形

由两条半径和一段弧围成的图形叫作扇形.

（9）弓形

由弦和它所对的一段弧围成的图形叫作弓形.

（10）圆心角

顶点在圆心上的角叫作圆心角.

（11）圆周角

顶点在圆周上,且它的两边分别与圆有另一个交点的角叫作圆周角.

（12）圆周率

圆周长度与圆的直径长度的比值叫作圆周率.它是一个无限不循环小数,通常用 π 表示, $\pi = 3.141\ 592\ 65\cdots$在实际应用中,一般取 $\pi \approx 3.14$.

圆周角与圆心角的关系是:圆周角等于相同弧所对的圆心角的一半.

圆是一个正 n 边形（ n 为无限大的正整数）,边长无限接近 0 但不等于 0.

三、位置关系

（1）点和圆的位置关系

1）点 P 在圆 O 外,则 $PO > r$.

2）点 P 在圆 O 上,则 $PO = r$.

3）点 P 在圆 O 内,则 $0 \leqslant PO < r$.

反过来也是如此.

（2）直线和圆的位置关系

1）相离:直线和圆无公共点. AB 与圆 O 相离, $d > r$.

2）相交:直线和圆有两个公共点,这条直线叫作圆的割线. AB 与圆 O 相交, $d < r$.

3）相切:直线和圆有且只有一公共点,这条直线叫作圆的切线,这个唯一的公共点叫作切点. AB 与圆 O 相切, $d = r$.（ d 为圆心到直线的距离）

（3）圆和圆的位置关系

1）无公共点,一圆在另一圆之外叫外离,在之内叫内含.

2）有唯一公共点的,一圆在另一圆之外叫外切,在之内叫内切.

3）有两个公共点的叫相交.

两圆圆心之间的距离叫作圆心距.

设两圆的半径分别为 R 和 r ,且 $R > r$,圆心距为 P ,则用字母表示上述结论如下.

外离: $P > R + r$.

外切: $P = R + r$.

内含: $P < R - r$.

内切: $P = R - r$.

相交: $R - r < P < R + r$.

四、圆的性质

（1）圆的对称性

圆是轴对称图形，其对称轴是任意一条通过圆心的直线．圆也是中心对称图形，其对称中心是圆心．

（2）有关圆周角和圆心角的性质及定理

1）在同圆或等圆中，如果两个圆心角、两个圆周角、两组弧、两条弦、两条弦心距中有一组量相等，那么它们所对应的其余各组量都分别相等．

2）在同圆或等圆中，相等的弧所对的圆周角等于它所对的圆心角的一半（圆周角与圆心角在弦的同侧）．

直径所对的圆周角是直角．90°的圆周角所对的弦是直径．

圆心角：$\theta = (L/2\pi r) \times 360° = 180°L/\pi r = L/r$（弧度）．即圆心角的度数等于它所对的弧的度数；圆周角的度数等于它所对的弧的度数的一半．

3）如果一条弧的长是另一条弧的 2 倍，那么其所对的圆周角和圆心角是另一条弧的 2 倍．

（3）有关外接圆和内切圆的性质及定理

1）一个三角形有唯一确定的外接圆和内切圆．

2）外接圆圆心是三角形各边垂直平分线的交点，到三角形三个顶点距离相等．内切圆的圆心是三角形各内角平分线的交点，到三角形三边距离相等．

3）$R = 2S/L$（R 表示内切圆半径，S 表示三角形面积，L 表示三角形周长）．

4）两相切圆的连心线过切点．（连心线：两个圆心相连的直线）

5）圆 O 中的弦 PQ 的中点 M，过点 M 任作两弦 AB，CD，弦 AD 与 BC 分别交 PQ 于 X，Y，则 M 为 XY 的中点．

（4）与切割线有关的定理

1）切线的判定方法：经过半径外端并且垂直于这条半径的直线是圆的切线．

2）切线的性质：

①经过切点垂直于过切点的半径的直线是圆的切线．

②经过切点垂直于切线的直线必经过圆心．

③圆的切线垂直于经过切点的半径．

3）切线长定理：从圆外一点引圆的两条切线，切线的长相等，点与圆心的连线平分两条切线的夹角．

4）切割线定理：圆的一条切线与一条割线相交于 P 点，切线交圆于 C 点，割线交圆于 A、B 两点，则有 $PC^2 = PA \cdot PB$.

5）割线定理：与切割线定理相似，两条割线交于 P 点，割线 m 交圆于 A_1、B_1 两点，割线 n 交圆于 A_2、B_2 两点，则 $PA_1 \cdot PB_1 = PA_2 \cdot PB_2$.

（5）其他定理

1）如果两圆相交，那么连接两圆圆心的线段（或直线）垂直平分公共弦．

2）弦切角的度数等于它所夹的弧的度数的一半．

3）圆内角的度数等于这个角所对的弧的度数的一半．

4）圆外角的度数等于这个角所截两段弧的度数之差的一半.

5）周长相等的长方形、正方形、三角形中,圆的面积最大.

6）垂径定理:垂直于弦的直径平分这条弦,并且平分这条弦所对的两条弧.

例　如图 12 - 50 所示,在圆 O 中,弦 AD 平行于弦 BC,若 $\angle AOC =$ 80°,则 $\angle DAB =$ ____.

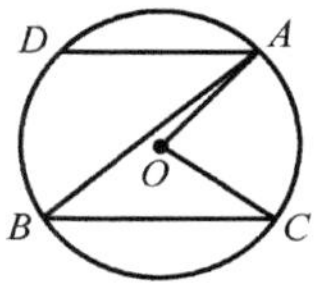

思路点拨:因为

$$\angle B = \frac{1}{2} \angle AOC, \angle AOC = 80°,$$

图 12 - 50

所以 $\angle B = 40°$,

又因为 $AD /\!/ BC$,所以 $\angle DAB = \angle B = 40°$.

1. 选择题.

（1）已知⊙O 的半径为 5 cm,A 为线段 OP 的中点,当 $OP = 6$ cm 时,点 A 与⊙O 的位置关系是（　　）.

　　A. 点 A 在⊙O 内　　B. 点 A 在⊙O 上　　C. 点 A 在⊙O 外　　D. 不能确定

（2）已知⊙O_1 与⊙O_2 的半径分别为 3 cm 和 4 cm,圆心距为 10 cm,那么⊙O_1 与⊙O_2 的位置关系是（　　）.

　　A. 内切　　　　　　B. 相交　　　　　　C. 外切　　　　　　D. 外离

（3）下列语句中正确的有（　　）.

①相等的圆心角所对的弧相等;②平分弦的直径垂直于弦;

③长度相等的两条弧是等弧;④经过圆心的每一条直线都是圆的对称轴.

　　A. 1 个　　　　　　B. 2 个　　　　　　C. 3 个　　　　　　D. 4 个

2. 填空题.

（1）直角三角形的两条直角边边长分别为 6 和 8,那么这个三角形的外接圆半径等于____.

（2）用 48 m 长的竹篱笆在空地上围成一个绿化场地,现有两种设计方案,一种是围成正方形场地,另一种是围成圆形场地. 现请你选择,围成_____（圆形或正方形,两者选一）场地的面积较大.

（3）某落地钟钟摆的摆长为 0.5 m,来回摆动的最大夹角为 20°,已知在钟摆的摆动过程中,摆锤离地面的最低高度为 a m,最大高度为 b m,则 $b - a =$ ____ m（不取近似值）.

3. 解答题.

（1）如图 12 - 51 所示,在△ABC 中,$\angle C = 90°$,$AC = 8$,$AB = 10$,点 P 在 AC 上,$AP = 2$,若⊙O 的圆心在线段 BP 上,且⊙O 与 AB、AC 都相切,求⊙O 的半径.

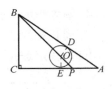

图 12−51

（2）如图 12−52 所示，外切于 P 点的 $\odot O_1$ 和 $\odot O_2$ 是半径为 3 cm 的等圆，连心线交 $\odot O_1$ 于点 A，交 $\odot O_2$ 于点 B，AC 与 $\odot O_2$ 相切于点 C，连接 PC，求 PC 的长.

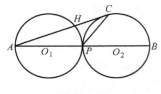

图 12−52

12.6   扇   形

夏天天气热的时候，我们会用扇子扇风，你知道它是什么形状吗？如果在没有扇子的情况下，你能用纸折成扇子吗？

一、扇形定义

一条弧和经过这条弧两端的两条半径所围成的图形叫作扇形（半圆与直径的组合也是扇形），如图 12−53 所示.

显然，它是由圆周的一部分与它所对应的圆心角围成的.

《几何原本》中这样定义扇形：扇形是由顶点在圆心的角的两边和这两边所截一段圆弧围成的图形.

二、相关概念

1. 弧

圆上 A、B 两点之间的部分叫作弧，读作弧 AB.

2. 圆心角

以圆心为顶点的角叫作圆心角.

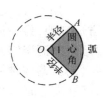

图 12−53

3. 扇形统计图

有一种统计图是用扇形来表示的,就是扇形统计图.

三、计算公式

(1)面积

扇形是与圆形有关的一种重要图形,其面积与圆心角(顶角)、圆半径相关.

圆心角为 n,半径为 r 的扇形面积

$$S_{扇形} = \frac{n}{360}\pi r^2 .$$

如果其顶角采用弧度单位,则可表示为

$$S_{扇形} = \frac{1}{2} \times 弧度 \times 半径$$

$$= \frac{LR}{2}(L \text{ 为扇形弧长}, R \text{ 为半径})$$

$$= \frac{\alpha R^2}{2}(\alpha \text{ 为弧度制下的扇形圆心角}, R \text{ 为半径})$$

$$= \frac{\pi n R^2}{360} . (n \text{ 为圆心角的度数}, R \text{ 为半径})$$

(2)弧长

弧长

$$L = \frac{n}{360} \cdot 2\pi r = \frac{n\pi r}{180} .$$

(3)周长

若扇形周长用 C 表示,则

$$C_{扇形} = \frac{2\pi n R}{360} + 2R (n \text{ 为圆心角的度数}, R \text{ 为半径})$$

$$= (\alpha + 2)R. (\alpha \text{ 为弧度制下的扇形圆心角}, R \text{ 为半径})$$

案例分析

例　指出图 12 - 54 中的圆心角.

分析:圆心角必须具备的两个条件,一是顶点在圆心上,二是角的两条边都是半径. $\angle 5$ 和 $\angle 6$ 顶点不在圆心上,所以不是圆心角;而 $\angle 1$、$\angle 2$、$\angle 3$、$\angle 4$ 的顶点都在圆心上,而且角的两条边都是半径,所以它们都是圆心角.

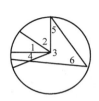

图 12 - 54

【注意】

1)计算扇形面积必须知道扇形所在圆的半径和圆心角这两个条件. 把具体数据代入公式后,要先约分再计算,这样能使计算简便.

2)扇形面积是圆面积的一部分. 要求扇形面积只要知道这个扇形是圆面积的几分之

几就可以了．如一个扇形的圆心角是180°，它的面积是所在圆面积的 $\frac{1}{2}$．

1. 填空题．

（1）一个扇形的圆心角是120°，它的面积是所在圆面积的_____．

（2）扇形的半径是 2 cm，圆心角是 60°，它的面积是_____ cm²．

（3）一个圆心角是 36° 的扇形的面积是 7 cm²，和扇形半径相等的圆的面积是_____ cm²．

（4）在面积是 160 cm² 的圆上，圆心角是 135° 的扇形面积是_____ cm²．

2. 判断题．

（1）扇形有一条对称轴．   （   ）

（2）在同一圆内圆心角是 72° 的扇形面积是所在圆面积的五分之一．   （   ）

（3）圆心角越大，扇形的面积也越大．   （   ）

（4）圆心角是 180° 的扇形正好是半个圆．   （   ）

（5）圆面积的一部分是扇形．   （   ）

3. 选择题．

（1）把一张圆形纸对折、再对折、又对折，得到的一个扇形，它的圆心角是（   ）．

    A. 180°   B. 90°   C. 60°   D. 45°

（2）时钟的分针长 6 cm，它转动 20 分钟扫过的面积是（   ）cm²．

    A. $120 \times 3.14 \times 6^2 \div 360 = 37.68$

    B. $20 \times 3.14 \times 6^2 \div 360 = 6.28$

    C. $150 \times 3.14 \times 6^2 \div 360 = 47.1$

4. 应用题．

（1）有一正方形的草地，边长是 10 m．在正方形的一个顶点的木桩上用绳子系着一只羊，绳长 6 m，求羊能吃到草的面积是多少平方米？

（2）一种机枪的扫射角是120°，有效射程是100 m，它的杀伤面积是多少？

12.7 图形的运动

在建筑工地上，我们会看到建筑工人正在用升降机运送材料，你知道升降机是怎么运动的吗？升降机的移动是一种竖直方向上的平移；公路上跑的汽车的移动是水平方向上的平移；天上飞的飞机起飞时的移动是一种斜线方向上的平移．这些都是平移．你还见过哪些平移现象？

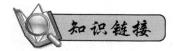

一、平移与旋转

1. 平移

在图 12 - 55 中的方格纸上，将小房子向上平移 5 格和向右平移 7 格，分别得到平移后的小房子。按照这样的方法，请把图 12 - 55 中的另外两个平移后的小房子补充完整。

苏联数学家亚格龙将几何学定义为：几何学是研究几何图形在运动中不变的那些性质的学科。几何变换是指把一个几何图形 F_1 变换成另一个几何图形 F_2 的方法，若仅改变图形的位置，而不改变图形的形状和大小，这种变换称为合同变换，平移、旋转是常见的合同变换。

（1）概念

在同一平面内，将一个图形整体按照某个直线方向移动一定的距离，这样的图形运动叫作图形的平移运动，简称平移。平移不改变图形的形状和大小，平移

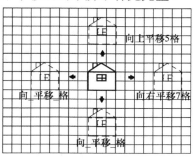

图 12 - 55

后的图形与原图形上对应点连接的线段平行（或在同一条直线上）且相等。它可以视为将同一个向量加到每个点上，或将坐标系的中心移动所得的结果。

（2）性质

1）图形平移前后的形状和大小没有变化，只是位置发生变化。

2）图形平移后，对应点连成的线段平行且相等（或在同一直线上）。

3）多次平移相当于一次平移。

4）多次对称后的图形等于平移后的图形。

5）平移是由方向、距离决定的。

6）经过平移，对应线段平行（或共线）且相等，对应角相等，对应点所连接的线段平行且相等。

平移的条件：确定一个平移运动的条件是平移的方向和距离。

【注意】平移的三个要点：

1）原来的物体；

2）平移的方向；

3）平移的距离。

（3）平移图形的画法

平移图形的画法有如下几个步骤：

1）确定关键点；

2）确定平移的方向；

3）画出关键点的对应点，如线段的端点、三角形的顶点、圆的圆心等；

4）连线成图。

2. 旋转

（1）概念

在平面内,将一个图形绕一个定点沿某个方向转动一个角度,这样的图形运动称为旋转.这个定点称为旋转中心,转动的角度称为旋转角.

（2）性质

1）旋转不改变图形的形状和大小（但会改变图形的方向,也改变图形的位置）.即经过旋转,图形上的每一个点都绕旋转中心沿相同方向转动了相同的角度,任意一对对应点与旋转中心的连线所成的角都是旋转角,对应点到旋转中心的距离相等.旋转前后两个图形的对应线段相等、对应角相等.

2）旋转后,原图形与旋转后的图形全等.

3）图形旋转四要素:原位置、旋转中心、旋转方向、旋转角.

（3）简单的旋转作图

旋转作图要注意以下几点:

1）旋转方向;

2）旋转角度.

整个旋转作图,就是把整个图案的每一个特征点绕旋转中心按一定的旋转方向和一定的旋转角度旋转移动.

3. 图案的分析与设计

1）首先找到基本图案,然后分析其他图案与它的关系,即由它作何种运动变换而形成.

2）图案设计的基本手段主要有轴对称、平移、旋转三种方法.

小朋友滑滑梯是平移还是旋转?

1. 填空题.

（1）如果一个图形沿着一条直线对折,两侧的图形能够完全重合,这样的图形就叫_____图形,那条直线就是_____.

（2）判断下列现象哪些是"平移"现象,哪些是"旋转"现象.

①张叔叔在笔直的公路上开车,方向盘的运动是_____现象.

②升国旗时,国旗的升降运动是_____现象.

③妈妈用拖布擦地,拖布的运动是_____现象.

④自行车的车轮转了一圈又一圈,是_____现象.

⑤钟摆的运动是_____现象.

⑥电梯的运动是_____现象.

⑦风扇叶片的运动是_____现象.

⑧火车的运动是_____现象.

⑨光盘在电脑里的运动是_____现象.

2. 判断题.

长方形和正方形都是对称图形.　　　　　　　　　　　　　　　（　　）

二、对称图形

观察上述图形,有什么特点和不同?

1. 轴对称图形

（1）概念

如果一个图形沿着一条直线折叠后,直线两旁的部分能够互相重合,那么这个图形叫作轴对称图形. 折痕所在的直线叫作对称轴.

（2）两个图形成轴对称

对于两个图形来说,如果沿一条直线对折后,它们能完全重合,那么称这两个图形成轴对称,这条直线就是对称轴.

【注意】轴对称是说两个图形的位置关系;而轴对称图形是说一个具有特殊形状的图形.

（3）轴对称的性质

1）关于某条直线对称的两个图形是全等的.

2）如果两个图形关于某条直线对称,那么对称轴是对应点连线的垂直平分线.

3）两个图形关于某条直线对称,如果它们的对应线段或延长线相交,那么交点在对称轴上.

4）如果两个图形的对应点连线被同一直线平分,那么这两个图形关于这条直线对称.

（4）轴对称作图

1）第一种类型:画图形的对称轴.

①观察分析图形,找出轴对称图形的任意一组对称点.

②连接对称点.

③画出以对称点为端点的线段的垂直平分线.

2）第二种类型:如果一个图形关于某条直线对称,那么对称点之间的线段的垂直平分线就是该图形的对称轴.

3）第三种类型:画某点关于某直线的对称点.

①过已知点作已知直线(对称轴)的垂线,标出垂足.

②在这条直线的另一侧从垂足出发截取与已知点到垂足的距离相等的线段,那么截点就是这点关于该直线的对称点.

4）第四种类型：画已知图形关于某直线的对称点．

①画出图形的某些点关于这条直线的对称点．

②把这些对称点顺次连接起来，就形成了一个符合条件的对称图形．

2．中心对称图形

（1）概念

如果一个图形绕某一点旋转180°，旋转后的图形能和原图形完全重合，那么这个图形叫作中心对称图形．而这个中心点，叫作中心对称点．

中心对称图形上每一对对称点所连成的线段都被对称中心平分．

（2）两个图形成中心对称

在平面内，如果把一个图形绕某一点旋转180°，旋转后的图形能和另一个图形完全重合，那么就说这两个图形成中心对称．这个点叫作对称中心．

常见的中心对称图形有矩形、菱形、正方形、平行四边形、圆、某些不规则图形等．正偶边形是中心对称图形；正奇边形不是中心对称图形．如：正三角形是轴对称图形，但不是中心对称图形，而等腰梯形不是中心对称图形，但是轴对称图形．

3．旋转对称图形

把一个图形绕着一个定点旋转一个角度后，与初始图形重合，这种图形叫作旋转对称图形，这个定点叫作旋转对称中心，旋转的角度叫作旋转角（0°＜旋转角＜360°）．

常见的旋转对称图形有线段、正多边形、平行四边形、圆等．且所有的中心对称图形，都是旋转对称图形．

例　下面的图形中，哪些是轴对称图形？

分析：有轴对称图形的有：

1．选择题．

（1）下列图形中，既是轴对称图形又是中心对称图形的是（　　　）.

　　A．等边三角形　　　B．平行四边形　　　C．等腰梯形　　　D．菱形

（2）在平面上，一个菱形绕它的中心旋转，使它和原来的菱形重合，那么旋转的角度至少是（　　）.

　　A．180°　　　　　　B．90°　　　　　　C．270°　　　　　　D．360°

（3）下列几组图形中，既是轴对称图形又是中心对称图形的一组是（　　）.

A. 正方形、菱形、矩形、平行四边形

B. 正三角形、正方形、菱形、矩形

C. 正方形、菱形、矩形

D. 平行四边形、正方形、等腰三角形

（4）下列命题正确的个数是（   ）.

①两个全等三角形必关于某一点中心对称；

②关于中心对称的两个三角形是全等三角形；

③两个三角形对应点连线都经过同一点，则这两个三角形关于该点成中心对称；

④关于中心对称的两个三角形，对应点连线都经过对称中心.

A. 1   B. 2   C. 3   D. 4

2. 填空题.

（1）线段是轴对称图形，它的对称轴是_____；线段也是中心对称图形，它的对称中心是_____.

（2）正方形有____条对称轴，长方形有____条对称轴，椭圆形有____条对称轴.

3. 下面这些字或字母是对称的吗？如果是，就请指出它的对称轴.

中山外校美LOVE

知识扩充

美丽的轴对称图形

三、图形的放大和缩小

从图 12 - 56 的四幅图中你发现了什么?

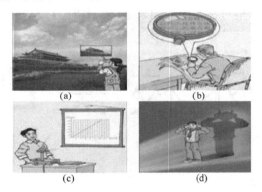

图 12 - 56

在图 12 - 57 中,图(a)、(b)、(c)是按照原图不同程度放大的.

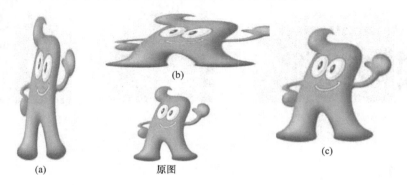

图 12 - 57

观察图 12 – 58 中的 A—B,变化后的长方形与原长方形的对应边长的比是 1:2. 就是把长方形的每条边都缩小到原来的二分之一. 即把原来的长方形按 1:2 缩小.

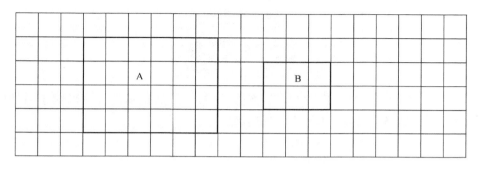

图 12 – 58

按 2:1 放大图形的意思是把图形的各边放大到原来的 2 倍;按 1:2 缩小图形的意思是把图形的各边缩小到原来的二分之一.

例　如图 12 – 59 所示,小红拖动电脑的鼠标,把一幅长方形图片放大.

分析:把长方形的每条边放大到原来的 2 倍,放大后的长方形与原来长方形对应边的比是 2:1,我们就说是把原来的长方形按 2:1 的比放大.

第一幅长方形图片的长是 8 厘米、宽是 5 厘米. 把第一幅图片按 2:1 的比放大,得到的长方形图片的长是 16 厘米、宽是 10 厘米.

图 12 – 59

在图 12 – 56 中的四幅图中:

图(a),小红拍摄天安门,实际的天安门缩小到取景器中;

图(b),老爷爷用放大镜看报纸,在透镜中看到被放大的文字影像;

图(c),老师用投影仪把统计表放大到屏幕上;

图(d),在灯光的作用下,人的影子比人的本身更大.

1. 按 2:1 画出下面三个图形放大后的图形.

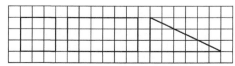

2. 下面哪个图形是 A 按 2:1 放大后得到的图形.

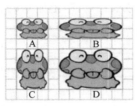

3. 先按 3:1 的比画出长方形放大后的图形,再按 1:2 的比画出长方形缩小后的图形.放大后的图形长、宽各是几格? 缩小后的图形呢?

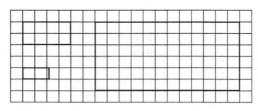

4. 按 1:2 的比画出下列图形缩小后的图形.

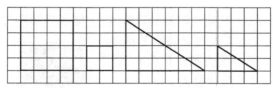

5. 挖一条水渠,在比例尺是 1:400 的图纸上,量得这条水渠长 40 cm,这条水渠实际长多少米?

阅读材料

"你知道吗",打开文字处理器 Word,插入自己拍摄的图片,然后把图像放大或缩小. 如果您的学生能熟练地使用办公软件,那就可以省去这些简单的放大或缩小,而运用比的知识设置图像的大小.

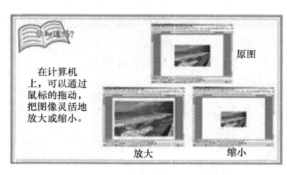

本 章 小 结

一、知识结构图

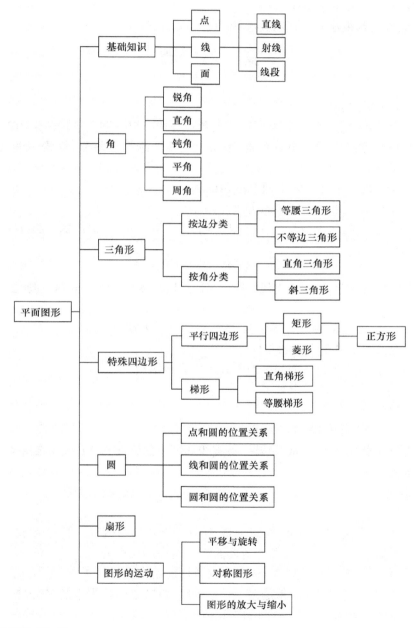

二、回顾与思考

1. 点、线、面是构成几何图形的基本要素,点动成线、线动成面、面动成体.
2. 三角形的性质、面积公式、周长公式.

3. 四边形的类别,常见的特殊四边形有哪些性质?

4. 圆的表示方法、面积公式、周长公式.

5. 扇形的面积公式、周长公式. 扇形与圆形的关系.

6. 图形平移后与旋转后有什么相同点和不同点?

7. 对称图形的性质及特点.

8. 图形的放大与缩小对生活有哪些帮助?

复　习　题

1. 选择题.

(1)下列说法正确的是(　　　).

　　A. 三角形的三条高、三条中线和三条角平分线一定分别交于三角形内部一点

　　B. 三角形可以分为锐角三角形、直角三角形、钝角三角形、等腰三角形和等边三角形

　　C. 三角形的一个外角等于两个内角的和

　　D. 三角形的外角与它相邻的内角互为邻补角

(2)现有四根木棒,长度分别为 4 cm,6 cm,8 cm,10 cm. 从中任取三根木棒,能组成三角形的个数为(　　　).

　　A. 1　　　　　　B. 2　　　　　　C. 3　　　　　　D. 4

(3)△ABC 与 △A'B'C' 关于直线 l 对称,且 ∠A = 78°, ∠C' = 48°,则 ∠B 的度数为(　　　).

　　A. 48°　　　　　　B. 54°　　　　　　C. 74°　　　　　　D. 78°

(4)下列现象中不属于平移的是(　　　).

　　A. 滑雪运动员在白茫茫的平坦雪地上沿直线滑行

　　B. 大楼电梯上下接送乘客

　　C. 山倒映在湖中

　　D. 火车在笔直的铁轨上飞驰而过

(5)已知圆的半径为 6.5 cm,如果一条直线和圆心的距离为 9 cm,那么这条直线和这个圆的位置关系是(　　　).

　　A. 相交　　　　　B. 相切　　　　　C. 相离　　　　　D. 相交或相离

2. 填空题.

(1)把一个半径是 20 cm 的圆面剪成面积相等的 8 个扇形,每个扇形的圆心角是_____°,面积是_____ cm²,每个扇形面积占所在圆面积的_____%.

(2)如果将一个长 3 cm、宽 2 cm 的长方形放大到原来的 4 倍,放大后的长方形长_____ cm,宽_____ cm,面积是_____ cm²;如果缩小到原来的二分之一,缩小后的长方形长_____ cm,宽_____ cm,面积是_____ cm².

(3)扇形的面积是 157 cm², 此扇形所在圆的面积是 628 cm²,扇形的圆心角是_____°.

3. 解答题.

(1)如图 12 - 60 所示,在 □ABCD 中,已知对角线 AC 和 BD 相交于点 O,△AOB 的周长

为 15, $AB = 6$, 那么对角线 AC 与 BD 的和是多少？

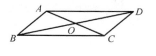

图 12 - 60

（2）如图 12 - 61 所示，在 $\square ABCD$ 中，E、F 分别是对角线 AC 的三等分点，求证四边形 $BFDE$ 是平行四边形.

图 12 - 61

（3）如图 12 - 62 所示，在直角梯形 $ABCD$ 中，$BC = CD = a$，且 $\angle BCD = 60^\circ$，E、F 分别为梯形的腰 AB、DC 的中点，求 EF 的长.

（4）如图 12 - 63 所示，在梯形 $ABCD$ 中，$AB /\!/ CD$，$AC \perp CB$，AC 平分 $\angle A$，又 $\angle B = 60^\circ$，梯形的周长是 20 cm，求 AB 的长.

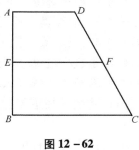

图 12 - 62

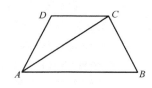

图 12 - 63

（5）如图 12 - 64 所示，已知 C 是以 AB 为直径的半圆 O 上一点，$CH \perp AB$ 于点 H，直线 AC 与过 B 点的切线相交于点 D，E 为 CH 中点，连接 AE 并延长交 BD 于点 F，直线 CF 交直线 AB 于点 G.

①求证点 F 是 BD 中点；

②求证 CG 是 $\odot O$ 的切线；

3）若 $FB = FE = 2$，求 $\odot O$ 的半径.

（6）在一块长 6 dm，宽 4 dm 的木板上挖掉一个最大的圆，这个圆的周长是多少分米？

（7）一个长方形的周长是 6.28 dm，相当于一个圆周长的 3.14 倍，圆的半径是多少分米？

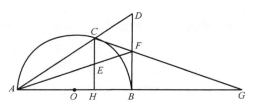

图 12 - 64

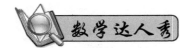

泰勒斯约生于公元前 624 年,是古希腊第一位闻名于世界的大数学家. 他原是一位很精明的商人,靠卖橄榄油积累了一定财富后,泰勒斯便专心从事科学研究. 他勤奋好学,同时又不迷信前人,勇于探索和创造,积极思考问题. 他的家乡离埃及不太远,所以他常去埃及旅行. 在那里,泰勒斯认识了古埃及人在几千年间积累的丰富数学知识. 他游历埃及时,曾用一种巧妙的方法算出了金字塔的高度,使古埃及国王阿美西斯钦羡不已.

泰勒斯的方法既巧妙又简单:选一个天气晴朗的日子,在金字塔边竖立一根小木棍,然后观察木棍阴影的长度变化,等到阴影长度恰好等于木棍长度时,赶紧测量金字塔影的长度,因为在这一时刻,金字塔的高度也恰好与塔影长度相等. 也有人说,泰勒斯是利用棍影与塔影长度的比等于棍高与塔高的比算出金字塔高度的. 如果是这样的话,就要用到三角形对应边成比例这个数学定理. 泰勒斯自夸说是他把这种方法教给了古埃及人,但事实可能正好相反,应该是古埃及人早就知道了类似的方法,但他们只满足于知道怎样去计算,却没有思考为什么这样算就能得到正确的答案.

在泰勒斯以前,人们在认识大自然时,只满足于对各类事物提出怎么样的解释,而泰勒斯的伟大之处在于他不仅能作出怎么样的解释,而且还加上了为什么的科学问号. 古代东方人民积累的数学知识,主要是一些从经验中总结出来的计算公式. 泰勒斯认为,这样得到的计算公式,用在某个问题里可能是正确的,用在另一个问题里就不一定正确了,只有从理论上证明它们是普遍正确的以后,才能广泛地运用它们去解决实际问题. 在人类文化发展的初期,泰勒斯自觉地提出这样的观点,是难能可贵的. 他赋予数学以特殊的科学意义,是数学发展史上一个巨大的飞跃. 所以泰勒斯素有数学之父的尊称,原因就在这里.

泰勒斯最先证明了如下的定理:

(1)圆被任一直径二等分;

(2)等腰三角形的两底角相等;

(3)两条直线相交,对顶角相等;

(4)半圆的内接三角形,一定是直角三角形;

(5)如果两个三角形有一条边以及这条边上的两个角对应相等,那么这两个三角形全等.

以上定理也是泰勒斯最先发现并最先证明的,后人常称之为泰勒斯定理. 相传泰勒斯证明这个定理后非常高兴,宰了一头公牛供奉神灵. 后来,他还用这个定理算出了海上的船与陆地的距离.

　　泰勒斯对古希腊的哲学和天文学,也作出了开拓性的贡献. 历史学家肯定地说,泰勒斯应当算是第一位天文学家,他经常仰卧观察天上星座,探窥宇宙奥秘,他的女仆常戏称,泰勒斯想知道遥远的天空,却忽略了眼前的美色. 数学史家希罗多德曾考据得知 Hals 战后之时白天突然变成夜晚(其实是日蚀),而在此战之前泰勒斯曾对 Delians 预言此事. 泰勒斯的墓碑上列有这样一段题词:"这位天文学家之王的坟墓多少小了一点,但他在星辰领域中的光荣是颇为伟大的."

第 13 章 立体几何

几何学是研究现实世界中物体的形状、大小与位置关系的数学学科. 空间几何体是几何学的重要组成部分,它在土木建筑、机械设计、航海测绘等大量实际问题中都有广泛的应用.

本章我们从对空间几何体的整体观察入手,研究空间几何体的结构特征、三视图和直观图,了解一些简单几何体的表面积与体积的计算方法.

13.1 空间方位

有一位母亲是这样训练自己的孩子的,孩子的堂哥来跟孩子玩耍,兄弟俩随意摆弄着桌上的围棋子. 孩子的母亲灵机一动,说:"我们来摆棋子,我先摆好,你俩只能看一眼,然后我盖上布,看你们谁能摆得和我的一模一样." 兄弟俩大概觉得很有趣,喊着要她快点摆. 于是,她先从最简单的摆法开始——选了 3 个白子、5 个黑子,摆成"黑白黑白黑黑黑白". "只许看 3 秒钟哟,1、2、3."话音刚落,孩子的母亲就立即用一块布盖上,之后要他俩凭记忆把刚才的布局摆出来. 结果两人很快就摆对了. 当调动起他们的兴趣后,孩子的母亲就把棋子摆得更复杂了,逐渐增加棋子个数和行数,以提高游戏难度. 三人玩得不亦乐乎. 孩子天生与游戏有缘,他们会以最大的快乐和兴趣来接纳你设计的游戏. 用黑白两色棋子摆成各种图形,让孩子凭记忆在桌面上再现瞬间映入头脑中的图形,可以提高孩子对位置、空间的感觉,是训练空间知觉能力和记忆力的好办法.

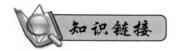

一、空间

　　空间是客观世界运动着的物质存在的基本形式．空间概念具体是指物体的形状、大小、远近、方位．用上下、左右、内外等方位词语描述位置,运用东西南北等方位词语描述方位,用直角坐标系统描述方位与路径、平面与立体表面的转换．任何客观物体同它周围物体之间都存在着相互位置关系．因此,空间方位指的是对于物体的空间位置的辨别和物体间相互关系的了解,是指位置的定向,也叫空间定向．空间定向可以从以下三个方面理解．

　　1)主体对他周围客体的相对位置．例如:我在桌子前面,我在房子后面．

　　2)周围物体对主体的相对位置．例如:小明坐在我的左边,水枪放在我的前边．

　　3)各个物体相互之间的空间位置．例如:皮球在小明前面,小强站在老师右边,老师站在桌子左边．

二、空间方位

　　1. 概念

　　客观世界中的任何一个物体都存在于一定的空间之中,都占有一定的位置,并且与它周围的物体之间存在着相互位置关系,称为空间方位．

　　2. 表示

　　对于空间方位一般用上下、前后、左右等词语来表示．

　　在平面图上我们一般定义上面为"北",下面为"南",左面为"西",右面为"东",也就是我们平常说的上北、下南、左西、右东．

三、空间方位的辨别

　　1. 概念

　　空间方位的辨别是指对客观物体在空间中所处位置关系的判断,在心理上属于狭义的空间定向．

　　2. 确定"基准"

　　物体位置的辨别需要有一个基准,即以什么为基准来确定物体的空间位置．基准不同,空间位置就截然不同．

　　例如:宝宝在爸爸的左边,宝宝在妈妈的右边．

　　3. 空间位置关系的特点

　　(1)相对性

　　上↔下,左↔右;甲在乙的右边↔乙在甲的左边．

　　(2)可变性

　　基准的方向发生了变化,物体的方位也随之变换．如一位小朋友站在桌子与椅子的中间,如果以桌子为基准,小朋友就在桌子的后面．如果小朋友转身180°,那么他的前面就是椅子,后面是桌子．

（3）连续性

以前后和左右为例,前与左、前与右、后与左、后与右的区域是连续的,不能截然分隔.

4. 幼儿辨别空间方位的一般过程

（1）上下→前后→左右

幼儿对空间基本方位的认识和判断的难易顺序是上下→前后→左右,这是由方位本身的复杂程度决定的. 上下的方位是以"天地"为标准确定的,天为上,地为下,且上、下位置的区别较明显,不会因为方向的改变而改变,所以幼儿容易辨别. 前后、左右的位置都具有方向性,随着方位判断者自身位置的改变会发生变化,如幼儿转动身体位置后,原来的前面（或左面）就变成了后面（或右面）,这就给幼儿在辨别时造成了一定的困难. 但前后可有参照,一般正面为前,背面为后,左右对幼儿来说就更难辨别了.

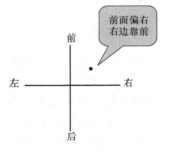

（2）以自身为中心→以客体为中心

辨别空间方位往往有两种参照体系:一种是以自身为参照,判断客体相对于主体的空间位置关系;另一种是以客体为参照（其他的人或事物）,判断客体与客体之间的空间位置关系. 幼儿在辨别空间方位的过程中经历了从以自身为中心过渡到以客体为中心的定向过程.

（3）近→远

同幼儿空间方位的辨别中以自身为中心先开始辨别一样,在空间方位定向的发展中,幼儿也是从离自身范围较近的空间方位定向组件扩展到更远的空间区域范围的. 当幼儿以自己的身体为中心确定相对于自己的客体所处的方位时,一开始往往是局限在离自己身体不远的、较狭窄的空间范围内的、面向自己的客体. 对稍稍偏斜的客体或离自身较远的客体的空间位置的判定往往存在一定的困难. 例如,对斜置于幼儿身体左前方的某个物体,年龄较小的幼儿往往不会把它列入"在你身体前面的物体"的范围之列. 随着幼儿年龄的增加,尤其是对于空间位置的相对性、连续性的逐渐理解,较大的幼儿才开始意识到并且辨别出离自身较远的上下、前后或左右的空间方位,同时对位于主体斜前方（后方）或偏左（右）的客体位置有了正确的定向,幼儿空间方位辨别的区域也是逐渐扩展的.

1. 用"左"或"右"填空.

上图中,张老师在李老师的（　　　）边;刘老师在李老师的（　　　）边;（　　　）站在中间.

2. 下图中,哪只是左手? 哪只是右手?

3. 请在下图中最上面的小动物后面的圈里画"√",在最下面的圈里画" ×".

4. 下图中,桌子上面有什么,下面有什么?

5. 根据下图填空.

(1)有____个小朋友正在上滑梯.
(2)有____个小朋友正在下滑梯.

6. 下图中,____离房子远,____离房子近.

7. 根据下图,请帮助小猴子选择最近的路回家.

8. 下图中,远处有_____,近处有_____.

9. 下图中,书包里有＿＿＿＿本书,书包外有＿＿＿＿＿＿本书.

10. 下图中,＿＿＿＿号运动员跑第一,＿＿＿＿号运动员跑第二,＿＿＿＿号运动员跑第三.

11. 下图中,小红、小华、小刚在排队坐汽车,谁在前,谁在后?

12. 下图中,哪个小动物跑在最前面?

13.2 空间几何体的结构

情境再现

　　在我们周围存在着各种各样的物体,它们都占据着空间的一部分.如果我们只考虑这些物体的形状和大小,而不考虑其他因素,那么由这些物体抽象出来的空间图形就叫作空间几何体.本节我们主要从结构特征方面认识几种最基本的空间几何体.

　　观察图13-1的图片,这些图片中的物体具有怎样的形状?日常生活中,我们把这些物体的形状叫作什么?我们如何描述它们的形状?

　　观察一件实物,说出它属于哪种空间几何体,并分析它的结构特征,要注意它与平面图形的联系.注意观察组成几何体的每个面的特点以及面与面之间的关系.

　　通过观察,可以发现(2)(5)(7)(9)(13)(14)(15)(16)具有同样的特点,即组成几何体的每个面都是平面图形,并且都是平面多边形;(1)(3)(4)(6)(8)(10)(11)(12)具有同样的特点,即组成它们的面不全是平面图形.

　　一般地,我们把由若干个平面多边形围成的几何体叫作多面体.围成多面体的各个多边形叫作多面体的面,如图13-2中的面 $ABCD$、面 $BCC'B'$;相邻两个面的公共边叫作多面

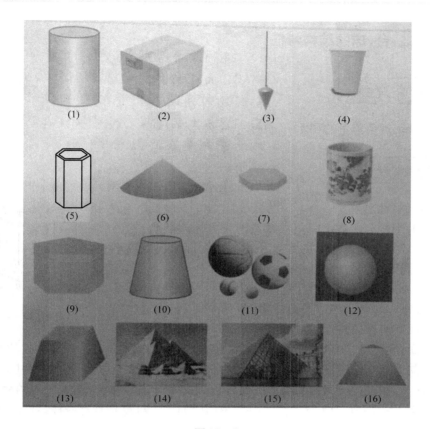

图 13 −1

体的棱,如图 13 −2 中的棱 AB、棱 AA';棱与棱的公共点叫作多面体的顶点,如顶点 A、D'.

图 13 −1 中的(2)(5)(7)(9)(13)(14)(15)(16)这些物体都具有多面体的形状.

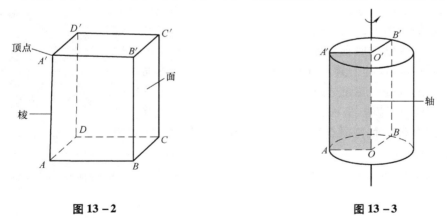

图 13 −2   图 13 −3

我们把由一个平面图形绕它所在平面内的一条定直线旋转所形成的封闭几何体叫作旋转体,如图 13 −3 所示.这条定直线叫作旋转体的轴.图 13 −1 中的(1)(3)(4)(6)(8)(10)(11)(12)这些物体都具有旋转体的形状.

一、柱、锥、台、球的结构特征

幼儿园里玩具角落里的积木,你知道是什么几何体吗?

1. 棱柱的结构特征

图 13－1 中的(2)是我们非常熟悉的长方体包装盒,它的每个面都是平行四边形(矩形),并且相对的两个面给我们以平行的形象,如同天花板与地面一样.

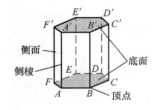

图 13－4

如图 13－4 所示,一般地有两个面互相平行,其余各面都是四边形,并且每相邻两个四边形的公共边都互相平行,由这些面所围成的多面体叫作棱柱.棱柱中,上下两个互相平行的面叫作棱柱的底面,简称底;其余各面叫作棱柱的侧面;相邻侧面的公共边叫作棱柱的侧棱;侧面与底面的公共顶点叫作棱柱的顶点.底面是三角形、四边形、五边形……的棱柱分别叫作三棱柱、四棱柱、五棱柱……我们用表示底面各顶点的字母表示棱柱,图 13－4 的六棱柱表示为棱柱 $ABCDEF－A'B'C'D'E'F'$.图 13－1 中的(5)(7)(9)都是具有棱柱结构的物体.

2. 棱锥的结构特征

图 13－1 中的(14)和(15)这样的多面体,均由平面图形围成,其中一个面是多边形,其余各面都是三角形,并且这些三角形有一个公共顶点.

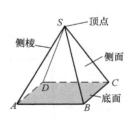

图 13－5

如图 13－5 所示,一般地有一个面是多边形,其余各面都是有一个公共顶点的三角形,由这些面所围成的多面体叫作棱锥.这个多边形面叫作棱锥的底面或底;有公共顶点的各个三角形面叫作棱锥的侧面;各侧面的公共顶点叫作棱锥的顶点;相邻侧面的公共边叫作棱锥的侧棱.底面是三角形、四边形、五边形……的棱锥分别叫作三棱锥、四棱锥、五棱锥……其中三棱锥又叫四面体.棱锥也用表示顶点和底面各顶点的字母表示,图 13－5 的四棱锥表示为棱锥 $S－ABCD$.

【思考】如何描述图 13－1 中(13)和(16)的几何结构特征,它们与棱锥有何关系?

3. 棱台的结构特征

我们已经学过棱柱和棱锥,但是具有图 13－1 中像(13)和(16)这种结构的几何体我们没有学过.像具有(13)和(16)这种几何结构特征的多面体,是用一个平行于棱锥底面的平面去截棱锥,底面与截面之间的部分,这样的多面体(图 13－6)叫作棱台.原棱锥的底面和截面分别叫作棱台的下底面和上底面,棱台也有侧面、侧棱、顶点.

【探究】请仿照棱锥中关于侧面、侧棱、顶点的定义,给出棱台的侧面、侧棱、顶点的定义,并在图 13－6 中标出它们.

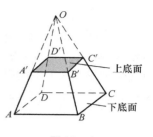

由三棱锥、四棱锥、五棱锥……截得的棱台分别叫作三棱台、四棱台、五棱台……与棱柱的表示一样,图 13 – 6 中的四棱台表示为棱台 $ABCD – A'B'C'D'$.

图 13 – 6

4. 圆柱的结构特征

如图 13 – 7 所示,以矩形的一边所在直线为旋转轴,其余三边绕旋转轴旋转形成的面所围成的旋转体叫作圆柱. 旋转轴叫圆柱的轴;垂直于轴的边旋转而成的圆面叫作圆柱的底面,平行于轴的边旋转而成的曲面叫作圆柱的侧面. 无论旋转到什么位置,不垂立于轴的边都叫作圆柱侧面的母线.

在生活中,许多容器和物体都是圆柱形的. 如图 13 – 1 中的(1)和(8). 圆柱用表示它的轴的字母表示,图 13 – 7 中圆柱表示为圆柱 $O'O$. 圆柱和棱柱统称为柱体.

5. 圆锥的结构特征

与圆柱一样,圆锥也可以看作是由平面图形旋转而成的. 如图 13 – 8 所示,以直角三角形的一条直角边所在直线为旋转轴,其余两边旋转形成的面所围成的旋转体叫作圆锥. 图 13 – 1 中的(3)和(6)就是圆锥形物体. 圆锥也有轴、底面、侧面和母线.

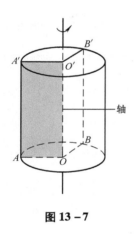

图 13 – 7

图 13 – 8

【探究】请你仿照圆柱中关于轴、底面、侧面、母线的定义,给出圆锥的轴、底面、侧面、母线的定义,并在图 13 – 8 中标出它们.

圆锥也用表示它的轴的字母表示,图 13 – 8 中的圆锥表示为圆锥 SO. 棱锥与圆锥统称为锥体.

6. 圆台的结构特征

与棱台类似,用平行于圆锥底面的平面去截圆锥,底面与截面之间的部分(图 13 – 9)叫作圆台. 图 13 – 1 中的(4)和(10)都是具有圆台结构特征的物体.

与圆柱和圆锥一样,圆台也有轴、底面、侧面、母线. 请你在图 13 – 9 中标出它们,并用字母将图 13 – 9 中的圆台表示出来. 棱台与圆台统称为台体.

【探究】圆柱可以由矩形旋转得到,圆锥可以由直角三角形旋转得到. 圆台可以由什么平面图形旋转得到?如何旋转?

7. 球的结构特征

如图 13-10 所示,以半圆的直径所在直线为旋转轴,半圆面旋转一周形成的旋转体叫作球体,简称球. 半圆的圆心叫作球的球心,半圆的半径叫作球的半径,半圆的直径叫作球的直径. 图 13-1 中的(11)和(12)具有球体的几何结构特征. 球常用表示球心的字母 O 表示,图 13-10 中的球表示为球 O.

图 13-9

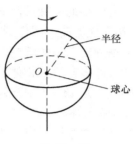

半径

球心

图 13-10

【探究】棱柱、棱锥与棱台都是多面体,它们在结构上有哪些相同点和不同点,三者的关系如何,当底面发生变化时,它们能否互相转化. 圆柱、圆锥与圆台呢.

二、简单组合体的结构特征

你知道矿泉水瓶是由哪些几何体构成的吗?

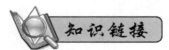

现实世界中的物体表示的几何体,除柱体、锥体、台体和球体等简单几何体外,还有大量的几何体是由简单几何体组合而成的,这些几何体叫作简单组合体.

简单组合体的构成有两种基本形式:一种是由简单几何体拼接而成,如图 13-11 中(1)(2)物体表示的几何体;另一种是由简单几何体截去或挖去一部分而成,如图 13-11 中(3)(4)物体表示的几何体.

(1)

(2)

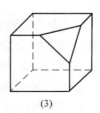

(3)

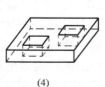

(4)

图 13-11

观察图 13 – 11 中(1)(3)两物体所示的几何体,你能说出它们各由哪些简单几何体组合而成吗?

图 13 – 11 中(1)物体所示的几何体由两个圆柱和两个圆台组合而成,如图 13 – 12 所示;图 13 – 11 中(3)物体所示的几何体由一个长方体截去一个三棱锥而得到,如图 13 – 13 所示.

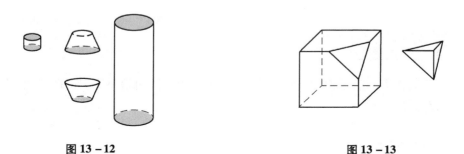

| 图 13 – 12 | 图 13 – 13 |

在现实世界中,我们看到的物体大多是由具有柱、锥、台、球等几何结构特征的物体组合而成.

习题演练

1. 说出下列物体的主要几何结构特征

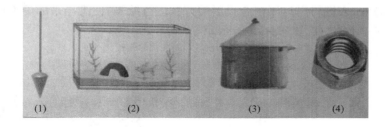

(1)　　　　(2)　　　　(3)　　　　(4)

2. 根据下列对于几何结构特征的描述,说出几何体的名称.

(1)由 7 个面围成,其中两个面是互相平行且全等的五边形,其他面都是全等的矩形;

(2)一个等腰三角形绕着底边上的高所在的直线旋转 180°形成的封闭曲面所围成的图形.

3. 观察我们周围的物体,并说出这些物体所示几何体的主要结构特征.

13.3　空间几何体的三视图和直观图

前面我们认识了柱体、锥体、台体、球体以及简单组合体的结构特征.为了将这些空间几何体画在纸上,用平面图形表示出来,使我们能够根据平面图形想象空间几何体的形状和结构,这就需要学习视图的有关知识.

我们常用三视图和直观图表示空间几何体. 三视图是观察者从三个不同位置观察同一个空间几何体而画出的图形; 直观图是观察者站在某一点观察一个空间几何体而画出的图形. 三视图和直观图在工程建设、机械制造以及日常生活中具有重要意义. 本节我们将在学习投影知识的基础上, 学习空间几何体的三视图和直观图.

一、中心投影与平行投影

有些幼儿会在太阳底下追着自己的影子跑, 可是怎么追也追不上, 你知道为什么吗? 影子又是怎么形成的呢?

我们知道, 光是沿直线传播的. 由于光的照射, 在不透明物体后面的屏幕上可以留下这个物体的影子, 这种现象叫作投影. 其中, 我们把光线叫作投影线, 把留下物体影子的屏幕叫作投影面.

我们把光由一点向外散射形成的投影, 叫作中心投影. 中心投影的投影线交于一点. 中心投影现象在我们的日常生活中非常普遍. 例如, 在电灯泡的照射下, 物体后面的屏幕上就会形成影子, 而且随着物体距离灯泡(或屏幕)的远近, 形成的影子大小会有不同, 如图13-14所示. 另外, 人们可以运用中心投影的方法进行绘画, 使画出的美术作品与人们感官的视觉效果是一致的, 如图13-15所示.

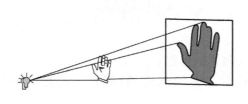

图 13-14

图 13-15

我们把在一束平行光线照射下形成的投影, 叫作平行投影. 平行投影的投影线是平行的. 在平行投影中, 投影线正对着投影面时, 叫作正投影, 否则叫作斜投影.

在平行投影之下, 与投影面平行的平面图形留下的影子, 与这个平面图形的形状和大小是完全相同的.

一个三角板在中心投影和不同方向的平行投影之下, 所产生的投影如图13-16所示.

我们可以用平行投影的方法, 画出空间几何体的三视图和直观图.

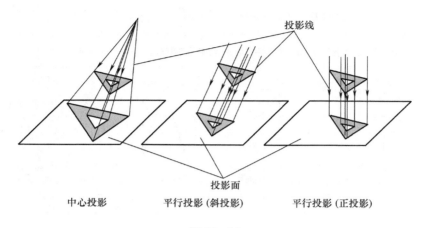

中心投影　　　平行投影 (斜投影)　　　平行投影 (正投影)

图 13 － 16

二、空间几何体的三视图

1. 柱、锥、台、球的三视图

把一个空间几何体投影到一个平面上,可以获得一个平面图形,但是只有一个平面图形难以把握几何体的全貌. 因此,我们需要从多个角度进行投影,才能较好地把握几何体的形状和大小. 通常,总是选择三种正投影:第一种是光线从几何体的前面向后面正投影,得到投影图,这种投影图叫作几何体的正视图;第二种是光线从几何体的左面向右面正投影,得到投影图,这种投影图叫作几何体的侧视图;第三种是光线从几何体的上面向下面正投影,得到投影图,这种投影图叫作几何体的俯视图. 几何体的正视图、侧视图和俯视图统称为几何体的三视图. 图 13 － 17 是一个长方体的三视图.（一般地,侧视图在正视图的右边,俯视图在正视图的下边.）

正视图、侧视图和俯视图分别是从几何体的正前方、正左方和正上方观察到的几何体的正投影图,它们都是平面图形. 观察长方体的三视图,你能得出同一个几何体的正视图、侧视图和俯视图在形状、大小方面的关系吗?

由图 13 － 17 可以发现,长方体的三视图都是长方形,正视图和侧视图、侧视图和俯视图、俯视图和正视图都各有一条边长相等.

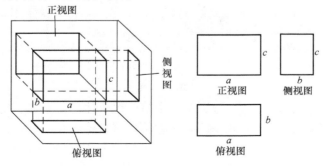

图 13 － 17

一般地,一个几何体的侧视图与正视图高度一样,俯视图与正视图长度一样,侧视图与俯视图宽度一样.

图 13 – 18 中的(a)(b)分别是圆柱和圆锥的三视图.

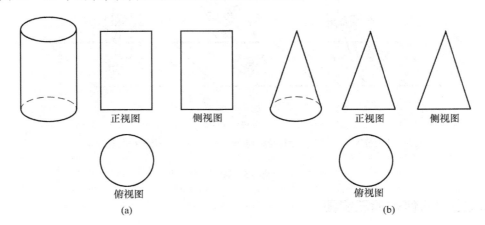

正视图　侧视图　　　　　　　正视图　侧视图

俯视图　　　　　　　　　　　　俯视图

(a)　　　　　　　　　　　　　　(b)

图 13 – 18

【思考】图 13 – 19 是一个几何体的三视图,你能说出它对应的几何体的名称吗?

图 13 – 19 的三视图表示的几何体是圆台.

画几何体的三视图时,能看见的轮廓线和棱用实线表示,不能看见的轮廓线和棱用虚线表示.

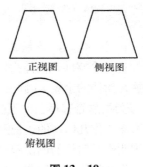

正视图　侧视图

俯视图

图 13 – 19

2. 简单组合体的三视图

对于简单几何体的组合体,一定要认真观察,先认识它的基本结构,然后画它的三视图. 图 13 – 20 中的(1)是我们熟悉的一种容器,容器的主要几何结构,从上往下分别是圆柱. 圆台和圆柱,它的三视图如图 13 – 21 所示. 图 13 – 20 中的(2)(3)(4)的三视图请同学们自己画出.

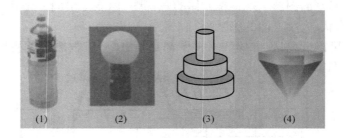

(1)　　　　(2)　　　　(3)　　　　(4)

图 13 – 20

【思考】图 13 – 22 中的(1)(2)分别是两个简单组合体的三视图,想象它们表示的组合体的结构特征,并尝试画出它们的示意图(尺寸不作严格要求).

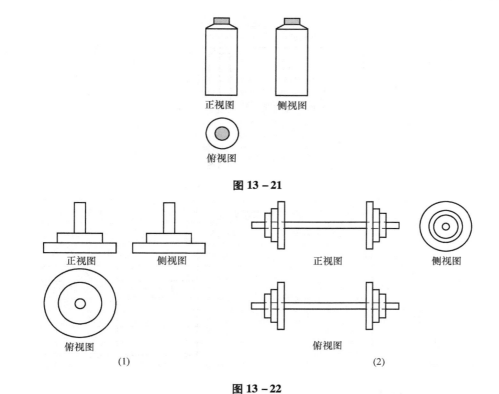

图 13 – 21

图 13 – 22

1. 画出下列几何体的三视图.

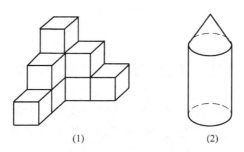

(1)　　　　　(2)

2. 观察下列几何体的三视图,想象并说出它们的几何结构特征,然后画出它们的示意图.

3. 根据下列描述,说出几何体的结构特征,并画出它们的三视图:

(1)由六个面围成,其中一个面是正五边形,其余五个面是全等的等腰三角形的几何体;

(2)如图,由一个平面图形旋转一周形成的几何体.

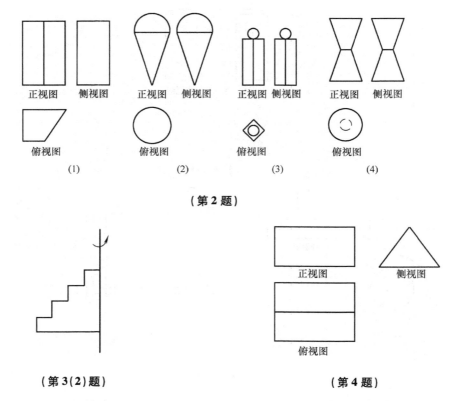

（第2题）

（第3(2)题）

（第4题）

4. 如图是一个几何体的三视图,想象它的几何结构特征,并说出它的名称.

三、空间几何体的直观图

知识链接

对于几何体的直观图,我们并不陌生. 图13-2至图13-10都是相应几何体的直观图. 它们是怎样画出来的呢?

在立体几何教学中,空间几何体的直观图通常是在平行投影下画出的空间图形.

要画空间几何体的直观图,首先要学会水平放置的平面图形的画法. 例如,在桌面上放置一个正六边形,我们从空间某一点看这个六边形时,它是什么样子,如何画出它的直观图?

下面我们以正六边形为例,说明水平放置的平面图形的直观图画法. 对于平面多边形,我们常用斜二测画法画它们的直观图. 斜二测画法是一种特殊的平行投影画法.

案例分析

例1 用斜二测画法画水平放置的正六边形的直观图.

画法:(1)如图13-23(1)所示,在正六边形 $ABCDEF$ 中,取 AD 所在直线为 x 轴,对称轴 MN 所在直线为 y 轴,两轴相交于点 O. 在图13-23(2)中,画相应的 x' 轴与 y' 轴,两轴相

交于点 O',使 $\angle x'O'y' = 45°$.

（2）在图 13-23（2）中，以 O' 为中点，在 x 轴上取 $A'D' = AD$，在 y' 轴上取 $M'N' = \frac{1}{2}MN$. 以点 N' 为中心，画 $B'C'$ 平行于 x' 轴，并且等于 BC；再以 M' 为中点，画 $E'F'$ 平行于 x' 轴，并且等于 EF.

（3）连接 $A'B'$，$C'D'$，$D'E'$，$F'A'$，并擦去辅助线 x' 轴和 y' 轴，便获得正六边形 $ABCDEF$ 水平放置的直观图 $A'B'C'D'E'F'$，如图 13-23（3）所示.

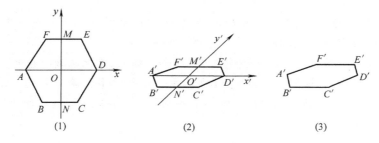

（1）　　　　　　（2）　　　　　　（3）

图 13-23

上述画直观图的方法称为斜二测画法，其步骤如下.

1）在已知图形中取互相垂直的 x 轴和 y 轴，两轴相交于点 O. 画直观图时，把它们画成对应的 x' 轴与 y' 轴，两轴交于点 O'，且使 $\angle x'O'y' = 45°$（或 135°），它们确定的平面表示水平面.

2）已知图形中平行于 x 轴或 y 轴的线段，在直观图中分别画成平行于 x' 轴或 y' 轴的线段.

3）已知图形中平行于 x 轴的线段，在直观图中保持原长度不变，平行于 y 轴的线段，长度为原来的一半.

生活经验告诉我们，水平放置的圆看起来非常像椭圆. 在实际画水平放置的圆的直观图时，我们常用如图 13-24 所示的椭圆模板.

（在立体几何中，常用正等测画法画水平放置的圆.）

下面我们探求空间几何体的直观图的画法.

例 2　用斜二测画法画长、宽、高分别是 4 cm、3 cm、2 cm 的长方体 $ABCD - A'B'C'D'$ 的直观图.

画法：（1）画轴. 如图 13-25 所示，画 x 轴、y 轴、z 轴，三轴相交于点 O，使 $\angle xOy = 45°$，$\angle xOz = 90°$.

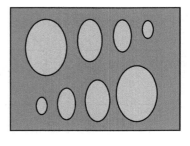

图 13-24

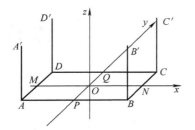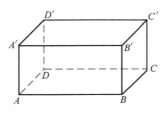

图 13-25

（2）画底面．以点 O 为中点，在 x 轴上取线段 MN，使 $MN=4$ cm；在 y 轴上取线段 PQ，使 $PQ=\dfrac{3}{2}$ cm. 分别过点 M 和 N 作 y 轴的平行线，过点 P 和 Q 作 x 轴的平行线，设它们的交点分别为 A,B,C,D，四边形 $ABCD$ 就是长方体的底面 $ABCD$.

（3）画侧棱．过 A,B,C,D 各点分别作 z 轴的平行线，并在这些平行线上分别截取 2 cm 长的线段 AA',BB',CC',DD'.

（4）成图．顺次连接 A',B',C',D'，并加以整理（去掉辅助线，将被遮挡的部分改为虚线），就得到长方体的直观图．

（画几何体的直观图时，如果不作严格要求，图形尺寸可以适当选取．用斜二测画法画图的角度也可以自定，但要求图形具有一定的立体感．）

例3　如图 13–26 所示，已知几何体的三视图，用斜二测画法画出它的直观图．

分析：由几何体的三视图知道，这个几何体是一个简单组合体．它的下部是一个圆柱，上部是一个圆锥，并且圆锥的底面与圆柱的上底面重合．我们可以先画出下部的圆柱，再画出上部的圆锥．

画法：（1）画轴．如图 13–27（1）所示，画 x 轴、z 轴，使 $\angle xOz=90°$.

（2）画圆柱的下底面．在 x 轴上取 A,B 两点，使 AB 的长度等于俯视图中圆的直径，且 $OA=OB$. 选择椭圆模板中适当的椭圆过 A,B 两点，使它为圆柱的下底面．

（3）在 Oz 上截取点 O'. 使 OO' 等于正视图中圆柱的高度，过点 O' 作平行于轴 Ox 的轴 $O'x'$，类似圆柱下底面的做法作出圆柱的上底面．

（4）画圆锥的顶点．在 Oz 上截取点 P，使 PO' 等于正视图中相应的高度．

（5）成图．连接 P、A'，P、B'，A、A'，B、B'，整理得到三视图表示的几何体的直观图，如图 13–27（2）所示．

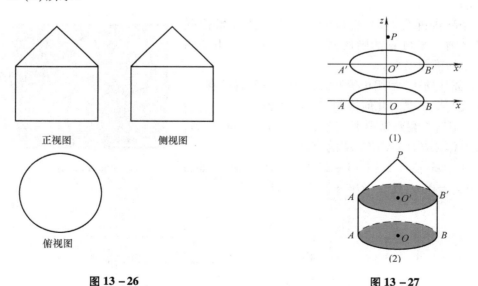

正视图　　　　　侧视图

俯视图

图 13–26

(1)

(2)

图 13–27

空间几何体的三视图与直观图有着密切的联系，我们能够由空间几何体的三视图得到它的直观图．同时，也能够由空间几何体的直观图得到它的三视图．

从投影的角度来看,三视图和用斜二测画法画出的直观图都是在平行投影下画出来的空间图形. 在中心投影下,也可以画出空间图形. 图 13－28(1)是中心投影下正方体的直观图,它与平行投影下正方体的直观图(图 13－28(2))有什么联系与区别呢?

空间几何体在平行投影与中心投影下有不同的表现形式,我们可以根据问题的实际情况,选择不同的表现方式.

【探究】1)图 13－29 是一个奖杯的三视图,你能想象出它的几何结构特征,并画出它的直观图吗?

2)空间几何体的三视图和直观图能够帮助我们从不同侧面、不同角度认识几何体的结构,它们各有哪些特点,二者有何关系?

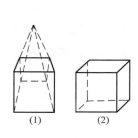

(1)　　　(2)

图 13－28

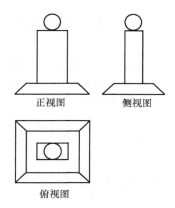

正视图　　　侧视图

俯视图

图 13－29

1. 用斜二测画法画出下列水平放置的平面图形的直观图(尺寸自定).

(1)任意三角形;(2)平行四边形;(3)正八边形.

2. 判断下列结论是否正确,正确的在括号内画"√",错误的画"×".

(1)角的水平放置的直观图一定是角. 　　　　　　　　　(　)

(2)相等的角在直观图中仍然相等. 　　　　　　　　　　(　)

(3)相等的线段在直观图中仍然相等. 　　　　　　　　　(　)

(4)若两条线段平行,则在直观图中对应的两条线段仍然平行. (　)

3. 利用斜二测画法得到的

①三角形的直观图是三角形;

②平行四边形的直观图是平行四边形;

③正方形的直观图是正方形;

④菱形的直观图是菱形.

以上结论,正确的是(　)

A. ①② 　　 B. ① 　　 C. ③④ 　　 D. ①②③④

4. 用斜二测画法画出五棱锥 $P－ABCDE$ 的直观图,其中底面 $ABCDE$ 是正五边形,点 P 在底面的投影是正五边形的中心 O(尺寸自定).

5. 下图是一个空间几何体的三视图,试用斜二测画法画出它的直观图.

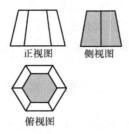

正视图 侧视图

俯视图

13.4 空间几何体的表面积与体积

前面我们分别从几何结构特征和视图两个方面认识了空间几何体.下面我们来学习空间几何体的表面积和体积.表面积是几何体表面的面积,它表示几何体表面的大小,体积是几何体所占空间的大小.

一、柱体、锥体、台体的表面积与体积

1. 柱体、锥体、台体的表面积

【思考】在初中,我们已经学习了正方体和长方体的表面积以及它们的展开图(图 13 - 30),你知道上述几何体的展开图与其表面积的关系吗?

正方体、长方体是由多个平面图形围成的多面体,它们的表面积就是各个面的面积的和,也就是展开图的面积.

一般地,我们可以把多面体展成平面图形,利用平面图形求面积的方法,求多面体的表面积.

【探究】棱柱、棱锥、棱台也是由多个平面图形围成的多面体,它们的展开图是什么?如何计算它们的表面积?

例1 已知棱长为 a,各面均为等边三角形的四面体 $S - ABC$(图 13 - 31),求它的表面积.

分析:由于四面体 $S - ABC$ 的四个面是全等的等边三角形,所以四面体的表面积等于其中任何一个面面积的 4 倍.

解:先求 $\triangle SBC$ 的面积,过点 S 作 $SD \perp BC$,交 BC 于点 D.

因为 $BC = a$,所以

$$SD = \sqrt{SB^2 - BD^2} = \sqrt{a^2 - \left(\frac{a}{2}\right)^2} = \frac{\sqrt{3}}{2}a,$$

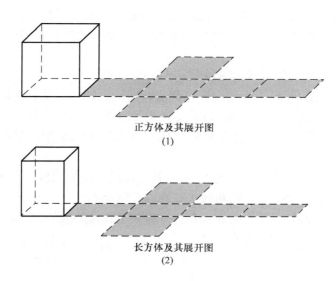

正方体及其展开图
(1)

长方体及其展开图
(2)

图 13-30

所以

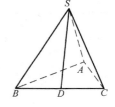

$$S_{\triangle SBC} = \frac{1}{2}BC \cdot SD = \frac{1}{2}a \times \frac{\sqrt{3}}{2}a = \frac{\sqrt{3}}{4}a^2.$$

因此,四面体 $S-ABC$ 的表面积

$$S = 4 \times \frac{\sqrt{3}}{4}a^2 = \sqrt{3}a^2.$$

【思考】如何根据圆柱、圆锥的几何结构特征,求它们的表面积?

图 13-31

我们知道,圆柱的侧面展开图是一个矩形(图 13-32). 如果圆柱的底面半径为 r,母线长为 l,那么圆柱的底面面积为 πr^2,侧面面积为 $2\pi rl$. 因此,圆柱的表面积

$$S = 2\pi r^2 + 2\pi rl = 2\pi r(r + l).$$

【注意】将空间图形问题转化为平面图形问题,是解决立体几何问题基本的、常用的方法.

圆锥的侧面展开图是一个扇形(图 13-33). 如果圆锥的底面半径为 r,母线长为 l,那么它的表面积

$$S = \pi r^2 + \pi rl = \pi r(r + l).$$

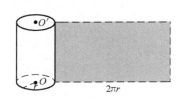

图 13-32

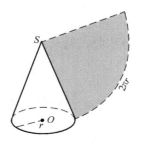

图 13-33

【探究】1)联系圆柱和圆锥的展开图,你能想象圆台展开图的形状,并且画出它吗?

2) 如果圆台的上、下底面半径分别为 r', r, 母线长为 l, 你能计算出它的表面积吗?

圆台的侧面展开图是一个扇环(图 13 – 34), 它的表面积等于上、下两个底面的面积加上侧面的面积, 即

$$S = \pi(r'^2 + r^2 + r'l + rl).$$

例2　如图 13 – 35 所示, 一个圆台形花盆盆口直径为 20 cm, 盆底直径为 15 cm, 底部渗水圆孔直径为 1.5 cm, 盆壁长 15 cm. 为了美化花盆的外观, 需要涂油漆. 已知每平方米用 100 毫升油漆, 涂 100 个这样的花盆需要多少油漆(π 取 3.14, 结果精确到 1 毫升, 可用计算器)?

分析:只要求出每一个花盆外壁的表面积, 就可求出油漆的用量. 而花盆外壁的表面积等于花盆的侧面面积加上底面面积, 再减去底面圆孔的面积.

解:如图 13 – 35 所示, 由圆台的表面积公式得一个花盆外壁的表面积

$$S = \pi \times \left[\left(\frac{15}{2}\right)^2 + \frac{15}{2} \times 15 + \frac{20}{2} \times 15 \right] - \pi \times \left(\frac{1.5}{2}\right)^2$$

$$\approx 1\ 000(\text{cm}^2) = 0.1(\text{m}^2).$$

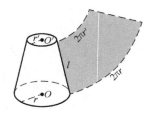

图 13 – 34

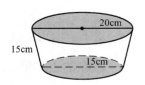

图 13 – 35

涂 100 个花盆需油漆:$0.1 \times 100 \times 100 = 1\ 000$(毫升).

答:涂 100 个这样的花盆约需要 1 000 毫升油漆.

2. 柱体、锥体与台体的体积

我们已经学习了计算特殊的棱柱——正方体、长方体以及圆柱的体积公式. 它们的体积公式可以统一为

$$V = Sh(S\ \text{为底面面积}, h\ \text{为高}).$$

一般柱体的体积也是

$$V = Sh(\text{其中}\ S\ \text{为底面面积}, h\ \text{为棱柱的高}).$$

【注意】棱柱(圆柱)的高是指两底面之间的距离, 即从一底面上任意一点向另一个底面作垂线, 这点与垂足(垂线与底面的交点)之间的距离.

圆锥的体积公式是

$$V = \frac{1}{3}Sh\ (S\ \text{为底面面积}, h\ \text{为高}).$$

它是同底等高的圆柱体积的 $\frac{1}{3}$.

棱锥的体积也是同底等高的棱柱体积的 $\frac{1}{3}$, 即棱锥的体积

$$V = \frac{1}{3}Sh\ (S\ \text{为底面面积}, h\ \text{为高}).$$

【注意】棱锥(圆锥)的高是指从顶点向底面作垂线,顶点与垂足(垂线与底面的交点)之间的距离.

由此可见,棱柱与圆柱的体积公式类似,都是底面面积乘高;棱锥与圆锥的体积公式类似,都是底面面积乘高的 $\frac{1}{3}$.

由于圆台(棱台)是由圆锥(棱锥)截成的,因此可以利用两个锥体的体积差,得到圆台(棱台)的体积公式.

$$V = \frac{1}{3}(S' + \sqrt{S'S} + S)h,$$

其中,S',S 分别为上、下底面面积,h 为圆台(棱台)高.

【注意】此公式可以证明. 圆台(棱台)的高是指两个底面之间的距离.

【思考】比较柱体、锥体、台体的体积公式:

$$V_{柱体} = Sh\ (S\ 为底面面积,h\ 为高),$$

$$V_{锥体} = \frac{1}{3}Sh\ (S\ 为底面面积,h\ 为高),$$

$$V_{台体} = \frac{1}{3}(S' + \sqrt{S'S} + S)h\ (S',S\ 分别为上、下底面面积,h\ 为台体高).$$

你能发现三者之间的关系吗? 柱体、锥体是否可以看作"特殊"的台体? 其体积公式是否可以看作台体体积公式的"特殊"形式?

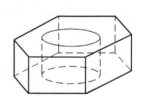

例 3 有一堆规格相同的铁制(铁的密度是 7.8 g/cm³)六角螺帽(图 13 - 36)共重 5.8 kg,已知底面是正六边形,边长为 12 mm,内孔直径为 10 mm,高为 10 mm,问这堆螺帽大约有多少个(π 取 3.14,可用计算器)?

图 13 - 36

分析:六角螺帽表示的几何体是一个组合体,在一个六棱柱中间挖去一个圆柱,因此它的体积等于六棱柱的体积减去圆柱的体积.

解:六角螺帽的体积是六棱柱体积与圆柱体积的差,即

$$V = \frac{\sqrt{3}}{4} \times 12^2 \times 6 \times 10 - 3.14 \times \left(\frac{10}{2}\right)^2 \times 10$$

$$\approx 2\ 956\ (\text{mm}^3)$$

$$= 2\ 956\ (\text{cm}^3).$$

所以螺帽的个数为

$$5.8 \times 1\ 000 \div (7.8 \times 2.956) \approx 252\ (个).$$

答:这堆螺帽大约有 252 个.

习题演练

1. 已知圆锥的表面积为 $a\,\text{m}^2$,且它的侧面展开图是一个半圆,求这个圆锥的底面直径.

2. 下图是一种机器零件,零件下面是六棱柱(底面是正六边形,侧面是全等的矩形),上面是圆柱(尺寸如图,单位为:mm).电镀这种零件需要用锌,已知每平方米用锌 0.11 kg,问

电镀 10 000 个零件需锌多少千克(结果精确到 0.01 kg)？

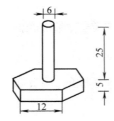

13.4.2 球的体积和表面积

我们玩的篮球、排球、足球、乒乓球,你知道它的体积吗？ 如果让你制作一个球体,你能算出需要多少单位体积的材料吗？

1. 球的体积

设球的半径为 R,它的体积只与半径 R 有关,是以 R 为自变量的函数. 事实上,如果球的半径为 R,那么它的体积

$$V = \frac{4}{3}\pi R^3.$$

2. 球的表面积

设球的半径为 R,它的表面积由半径 R 唯一确定,即它的表面积 S 也是以 R 为自变量的函数.

事实上,如果球的半径为 R,那么它的表面积

$$S = 4\pi R^2.$$

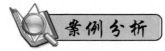

例 如图 13 - 37 所示,圆柱的底面直径与高都等于球的直径.

求证:(1)球的体积等于圆柱体积的 $\frac{2}{3}$;

(2)球的表面积等于圆柱的侧面积.

证明:(1)设球的半径为 R,则圆柱的底面半径为 R,高为 $2R$.

因为

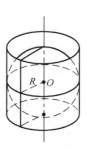

图 13 - 37

$$V_{球} = \frac{4}{3}\pi R^3,$$

$$V_{圆柱} = \pi R^2 \cdot 2R = 2\pi R^3.$$

所以 $V_{球} = \dfrac{2}{3} V_{圆柱}$.

（2）因为

$$S_{球} = 4\pi R^2 ,$$

$$S_{圆柱侧} = 2\pi R \cdot 2R = 4\pi R^2 .$$

所以 $S_{球} = S_{圆柱侧}$.

本节我们学习了柱体、锥体、台体、球体的表面积与体积的计算方法．在生产、生活中我们遇到的物体，虽然形状往往比较复杂，但是很多物体的形状都可以看作是由这些简单的几何体组合而成，它们的表面积与体积可以转化为这些简单几何体的表面积与体积的和．

 习题演练

1. 将一个气球的半径扩大 1 倍，它的体积扩大到原来的几倍？
2. 一个正方体的顶点都在球面上，它的棱长是 a cm，求球的体积．
3. 一个球的体积是 $100 \ cm^3$，试计算它的表面积（π 取 3.14. 结果精确到 $1 \ cm^2$，可用计算器）．

本 章 小 结

一、知识结构图

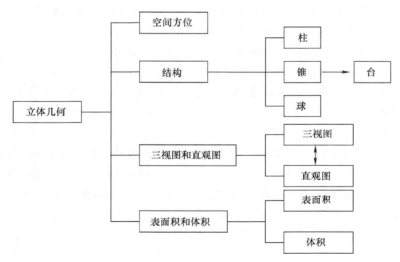

二、回顾与思考

1. 我们生活的世界，存在各式各样的物体，它们大多是由具有柱、锥、台、球等形状的物体组成的．认识和把握柱体、锥体、台体、球体的几何结构特征，是我们认识空间几何体的基础．本章接触到的空间几何体是单一的柱体、锥体、台体、球体，或者是它们的简单组合体．

你能说出较复杂的几何体(如你身边的建筑物)的结构吗?

2. 对于空间几何体,可以有不同的分类标准. 你能从不同的方面认识柱、锥、台、球等空间几何体吗? 你分类的依据是什么?

3. 为了研究空间几何体,我们需要在平面上画出空间几何体. 空间几何体有哪些不同的表现形式? 空间几何体的三视图可以使我们很好地把握空间几何体的性质. 由空间几何体可以画出它的三视图,同样由三视图可以想象出空间几何体的形状,两者之间的互相转化可以培养我们的几何直观能力、空间想象能力. 你有这方面的感受和体会吗?

4. 利用斜二测画法,我们可以画出空间几何体的直观图. 你能回顾用斜二测画法画空间几何体的基本步骤吗?

5. 计算空间几何体的表面积和体积时,要充分利用平面几何知识,把空间图形转化为平面图形,特别是柱、锥、台体侧面展开图. 请同学们回顾柱、锥、台体的侧面展开图是什么? 如何计算它们的表面积? 柱、锥、台体的体积之间是否存在一定的关系?

6. 球是比较特殊的空间几何体,它的表面积公式和体积公式是什么?

7. 空间方位是我们生活中离不开的,你能准确区别以自身为基准和以客体为基准的物体的方位吗?

复 习 题

1. 填空题.

(1)伐木工人将树伐倒后,再将枝杈砍掉,根据需要将其截成不同长度的圆木,圆木可以近似地看成是_____体.

(2)如图 13 - 38 所示,在边长为 4 的正方形纸片 $ABCD$ 中,AC 与 BD 相较于 O,剪去 $\triangle AOB$,将剩余部分沿 OC、OD 折叠,使 OA、OB 重合,则以 A(B)、C、D、O 为顶点的四面体的体积为_____.

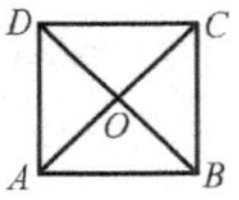

图 13 - 38

(3)正方形边长扩大 n 倍,其面积扩大_____倍;正方体棱长扩大 n 倍,其表面积扩大_____倍,体积扩大_____倍.

(4)圆半径扩大 n 倍,其面积扩大_____倍;球半径扩大 n 倍,其表面积扩大_____倍,体积扩大_____倍.

2. 选择题.

(1)将一个边长为 a 的正方体切成 27 个全等的小正方体,则其表面积增加了( ).

A. $6a^2$ B. $12a^2$ C. $18a^2$ D. $24a^2$

(2)设三棱柱的侧棱垂直于底面,所有棱的长都为 a,顶点都在一个球面上,则该球的表面积为( ).

A. πa^2 B. $\frac{7}{3}\pi a^2$ C. $\frac{11}{3}\pi a^2$ D. $5\pi a^2$

(3)已知在半径为 2 的球面上有 A、B、C、D 四点,若 $AB = CD = 2$,则四面体 $ABCD$ 的体积的最大值为( ).

A. $\frac{2\sqrt{3}}{3}$ B. $\frac{4\sqrt{3}}{3}$ C. $2\sqrt{3}$ D. $\frac{8\sqrt{3}}{3}$

3. 解答题.

（1）正四棱柱的对角线的长是 9 cm,表面积是 144 cm^2,求这个正四棱柱的底面边长和侧棱长.

（2）一个红色的棱长是 4 cm 的立方体,将其适当分割成棱长为 1 cm 的小正方体.

①共得到多少个棱长为 1 cm 的小正方体?

②三面涂色的小正方体有多少个? 表面积之和为多少?

③二面涂色的小正方体有多少个? 表面积之和为多少?

④一面涂色的小正方体有多少个? 表面积之和为多少?

⑤六个面均没有涂色的小正方体有多少个? 表面积之和为多少? 它们占有多少立方厘米的空间?

（3）已知几何体的三视图如图 13-39 所示,画出它们的直观图.

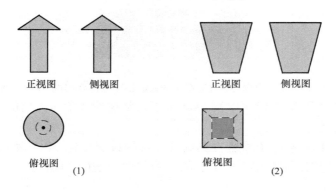

图 13-39

我们现在学习的几何学,是由古希腊数学家欧几里得(公元前330—前275)创立的.他在公元前约300年编写的《几何原本》,2000多年来都被看作学习几何的标准课本,所以称欧几里得为几何之父.

欧几里得生于雅典,接受了希腊古典数学及各种科学文化,30岁就成了有名的学者.应当时埃及国王的邀请,他客居亚历山大城,一边教学,一边从事研究.

古希腊的数学研究有着十分悠久的历史,曾经出过一些几何学著作,但都是讨论某一方面的问题,内容不够系统.欧几里得汇集了前人的成果,采用前所未有的独特编写方式,先提出定义、公理、公设,然后由简到繁地证明了一系列定理,讨论了平面图形和立体图形,还讨论了整数、分数、比例等,终于完成了《几何原本》这部巨著.

《几何原本》问世后,它的手抄本流传了1800多年.1482年印刷发行以后,重版了大约一千版次,还被译为世界各主要语种.13世纪时曾传入中国,不久就失传了,1607年重新翻译了前六卷,1857年又翻译了后九卷.

欧几里得善于用简单的方法解决复杂的问题.他在人的身影与高正好相等的时刻,测量了金字塔影的长度,解决了当时无人能解的金字塔高度的大难题.他说:"此时塔影的长度就是金字塔的高度."

欧几里得是位温良敦厚的教育家.欧几里得也是一位治学严谨的学者,他反对在做学问时投机取巧和追求名利,反对投机取巧、急功近利的作风.尽管欧几里得简化了他的几何学,国王(托勒密王)还是不理解,希望找一条学习几何的捷径.欧几里得说:"在几何学里,大家只能走一条路,没有专为国王铺设的大道."这句话成为千古传诵的学习箴言.一次,他的一个学生问他,学会几何学有什么好处? 他幽默地对仆人说:"给他三个钱币,因为他想从学习中获取实利."

欧几里得还有《已知数》《图形的分割》等著作.

第四部分　概率、统计与简易逻辑

概率统计是数学的一个分支,是研究自然界中随机现象统计规律的数学方法,同时也是生活中不可缺少的工具学科. 简易逻辑是判定是非的主要依据. 可以说,生活中离不开概率统计与简易逻辑. 比如,飞机晚点的可能性、火车停运的可能性、彩票中奖的可能性等.

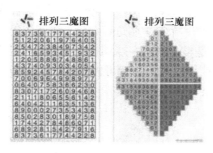

第14章 排列、组合

某幼儿园将举行男生乒乓球比赛,比赛分成3个阶段进行.

第1阶段:将参加比赛的48名选手分成8个小组,每组6人,分别进行单循环赛.分组时,先将8名种子选手分别安排在8个小组,然后用抽签方法确定其余各选手分在哪个小组.

第2阶段:将8个小组产生的前2名共16人再分成4个小组,每组4人,分别进行单循环赛.

第3阶段:由4个小组产生的4个第1名进行2场半决赛和2场决赛,确定1到4名的名次.

那么,我们所关心的问题是整个赛程一共要进行多少场比赛呢?

学习了本章所介绍的排列、组合知识,就可以解决上面的问题了.

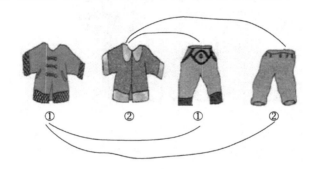

14.1 分类计数原理与分步计数原理

从甲地到乙地,可以乘火车,也可以乘汽车.一天中,火车有3班,汽车有2班.那么一天中,乘坐这些交通工具从甲地到乙地共有多少种不同的走法?

因为一天中乘火车有3种走法,乘汽车有2种走法,每一种走法都可以从甲地到乙地,所以共有

$$3 + 2 = 5$$

种不同的走法,如图14−1所示.

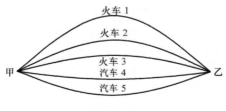

图14−1

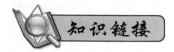知识链接

1. 分类计数原理

分类计数原理完成一件事,有 n 类办法,在第 1 类办法中有 m_1 种不同的方法,在第 2 类办法中有 m_2 种不同的方法……在第 n 类办法中有 m_n 种不同的方法. 那么完成这件事共有

$$N = m_1 + m_2 + \cdots + m_n$$

种不同的方法.

2. 分步计数原理

从甲地到乙地,要从甲地先乘火车到丙地,再于次日从丙地乘汽车到乙地. 一天中,火车有 3 班,汽车有 2 班,那么两天中,从甲地到乙地共有多少种不同的走法(图 14 - 2)?

这个问题与前一问题不同. 在前一问题中,采用乘火车或乘汽车中的任何一种方式,都可以从甲地到乙地. 而在这个问题中,必须经过先乘火车、后乘汽车两个步骤,才能从甲地到达乙地.

这里,因为乘火车有 3 种走法,乘汽车有 2 种走法,所以乘一次火车再接乘一次汽车从甲地到乙地共有

$$3 \times 2 = 6$$

种不同的走法.

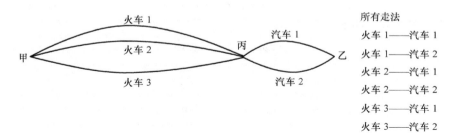

图 14 - 2

分步计数原理完成一件事,需要分成 n 个步骤,做第 1 步有 m_1 种不同的方法,做第 2 步有 m_2 种不同的方法……做第 n 步有 m_n 种不同的方法. 那么完成这件事共有

$$N = m_1 \times m_2 \times \cdots \times m_n$$

种不同的方法.

案例分析

例 1　书架的第 1 层放有 4 本不同的计算机书,第 2 层放有 3 本不同的文艺书,第 3 层放有 2 本不同的体育书.

(1)从书架上任取 1 本书,有多少种不同的取法?

(2)从书架的第 1、2、3 层各取 1 本书,有多少种不同的取法?

解:(1)从书架上任取 1 本书,有 3 类办法:第 1 类办法是从第 1 层取 1 本计算机书,有

4 种方法;第 2 类办法是从第 2 层取 1 本文艺书,有 3 种方法;第 3 类办法是从第 3 层取 1 本体育书,有 2 种方法．根据分类计数原理,不同取法的种数是

$$N = m_1 + m_2 + m_3 = 4 + 3 + 2 = 9.$$

答:从书架上任取 1 本书,有 9 种不同的取法．

(2)从书架的第 1、2、3 层各取 1 本书,可以分成 3 个步骤完成:第 1 步从第 1 层取 1 本计算机书,有 4 种方法;第 2 步从第 2 层取 1 本文艺书,有 3 种方法;第 3 步从第 3 层取 1 本体育书,有 2 种方法．根据分步计数原理,从书架的第 1、2、3 层各取 1 本书,不同取法的种数是

$$N = m_1 \times m_2 \times m_3 = 4 \times 3 \times 2 = 24.$$

答:从书架的第 1、2、3 层各取 1 本书,有 24 种不同的取法．

例 2　一种号码锁有 4 个拨号盘,每个拨号盘上有从 0 到 9 共 10 个数字,这 4 个拨号盘可以组成多少个四位数字号码?

解:由于号码锁的每个拨号盘有从 0 到 9 这 10 个数字,每个拨号盘上的数字有 10 种取法．根据分步计数原理,4 个拨号盘上各取 1 个数字组成的四位数字号码的个数是

$$N = 10 \times 10 \times 10 \times 10 = 10\ 000.$$

答:可以组成 10 000 个四位数字号码．

例 3　要从甲、乙、丙 3 名工人中选出 2 名分别上日班和晚班,有多少种不同的选法?

解:从 3 名工人中选 1 名上日班和 1 名上晚班,可以看成是经过先选 1 名上日班,再选 1 名上晚班这两个步骤完成．先选 1 名上日班,共有 3 种选法;上日班的工人选定后,上晚班的工人有 2 种选法．根据分步计数原理,所求的不同的选法数是

$$N = 3 \times 2 = 6.$$

6 种选法可以表示如下:

日班	晚班
甲	乙
甲	丙
乙	甲
乙	丙
丙	甲
丙	乙

答:从 3 名工人中选出 2 名分别上日班和晚班,有 6 种不同的选法．

分类计数原理与分步计数原理,回答的都是有关做一件事的不同方法种数的问题．区别在于:分类计数原理针对的是"分类"问题,其中各种方法相互独立,用其中任何一种方法都可以做完这件事;分步计数原理针对的是"分步"问题,各个步骤中的方法相互依存,只有各个步骤都完成才算做完这件事．

习题演练

1. 填空．

(1)一件工作可以用 2 种方法完成,有 5 人会用第 1 种方法完成,另有 4 人会用第 2 种方法完成,从中选出 1 人来完成这件工作,不同选法的种数是_____．

（2）从 A 村去 B 村的道路有 3 条，从 B 村去 C 村的道路有 2 条，从 A 村经 B 村去 C 村，不同走法的种数是_____．

2. 现有高中一年级的学生 3 名，高中二年级的学生 5 名，高中三年级的学生 4 名．

（1）从中任选 1 人参加接待外宾的活动，有多少种不同的选法？

（2）从 3 个年级的学生中各选 1 人参加接待外宾的活动，有多少种不同的选法？

3. 乘积 $(a_1 + a_2 + a_3)(b_1 + b_2 + b_3 + b_4)(c_1 + c_2 + c_3 + c_4 + c_5)$ 展开后共有多少项？

4. 一城市的某电话局管辖范围内的电话号码由八位数字组成，其中前四位数字是统一的，后四位数字都是 0 到 9 之间的一个数字，那么不同的电话号码最多有多少个？

5. 从 5 位同学中选出 1 名组长、1 名副组长，有多少种不同的选法？

14.2　排列

问题 1　从甲、乙、丙 3 名同学中选出 2 名参加某天的一项活动，其中 1 名同学参加上午的活动，1 名同学参加下午的活动，有多少种不同的方法？

问题 2　从 a, b, c, d 这 4 个字母中，每次取出 3 个按顺序排成一列，共有多少种不同的排法？

解决问题 1 需分 2 个步骤：第 1 步，确定参加上午活动的同学，从 3 人中任选 1 人，有 3 种方法；第 2 步，确定参加下午活动的同学，当参加上午活动的同学确定后，参加下午活动的同学只能从余下的 2 人中去选，于是有 2 种方法．

根据分步计数原理，在 3 名同学中选出 2 名，按照参加上午活动在前，参加下午活动在后的顺序排列的不同方法共有 $3 \times 2 = 6$ 种，如图 14 - 3 所示．

上午	下午	相应的排法
甲	乙	甲乙
	丙	甲丙
乙	甲	乙甲
	丙	乙丙
丙	甲	丙甲
	乙	丙乙

我们把上面问题中被取的对象叫作元素．于是，所提出的问题就是从 3 个不同的元素 a, b, c 中任取 2 个，然后按一定的顺序排成一列，求一共有多少种不同的排列方法．所有不

同排列是

$$ab, ac, ba, bc, ca, cb,$$

这些排列的种数是 $3 \times 2 = 6$.

解决问题 2 需分 3 个步骤：第 1 步，先确定左边的字母，在 a，b，c，d 这 4 个字母中任取 1 个，有 4 种方法；第 2 步，确定中间的一个字母，当左边的字母确定后，中间的字母只能从余下的 3 个字母中去取，有 3 种方法；第 3 步，确定右边的字母，当左边、中间的字母都确定后，右边的字母只能从余下的 2 个字母中去取，有 2 种方法.

根据分步计数原理，从 4 个不同的字母中，每次取出 3 个按顺序排成一列，共有

$$4 \times 3 \times 2 = 24$$

种不同的排法，如图 14 – 4 所示.

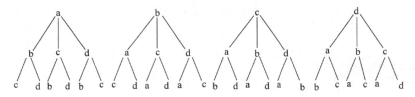

图 14 – 4

由此可写出所有的排法：

abc	bac	cab	dab
abd	bad	cad	dac
acb	bca	cba	dba
acd	bcd	cbd	dbc
adb	bda	cda	dca
adc	bdc	cdb	dcb

一般地，从 n 个不同元素中取出 $m(m \leqslant n)$ 个元素，按照一定的顺序排成一列，叫作从 n 个不同元素中取出 m 个元素的一个排列.

根据排列的定义，两个排列相同，当且仅当两个排列的元素完全相同，且元素的排列顺序也相同. 例如在问题 2 中，abc 与 abd 的元素不完全相同，它们是不同的排列；abc 与 acb，虽然元素完全相同，但元素的排列顺序不同，它们也是不同的排列.

从 n 个不同元素中取出 $m(m \leqslant n)$ 个元素的所有排列的个数，叫作从 n 个不同元素中取出 m 个元素的排列数，用符号 A_n^m 表示.

上面的问题 1，是求从 3 个不同元素中取出 2 个元素的排列数，它记为 A_3^2，已经算得

$$A_3^2 = 3 \times 2 = 6;$$

上面的问题 2，是求从 4 个不同元素中取出 3 个元素的排列数，它记为 A_4^3，已经算得

$$A_4^3 = 4 \times 3 \times 2 = 24.$$

那么，从 n 个不同元素中取出 2 个元素的排列数 A_n^2 是多少？A_n^3 呢？A_n^m（$m \leqslant n$）呢？

求排列数 A_n^2 可以这样考虑：假定有排好顺序的 2 个空位（图 14 – 5），从 n 个不同元素 $a_1, a_2, \cdots, a_n$ 中任意取 2 个去填空，一个空位填一个元素，每一种填法就得到一个排列；反过来，任一个排列总可以由这样的一种填法得到. 因此，所有不同填法的种数就是排列数

A_n^2.

现在我们计算有多少种不同的填法. 完成填空这件事可分为 2 个步骤:

第 1 步,先填第 1 个位置的元素,可以从这 n 个元素中任选 1 个填空,有 n 种方法;

第 2 步,确定填在第 2 个位置的元素,可以从剩下的 $n-1$ 个元素中任选 1 个填空,有 $n-1$ 种方法.

于是,根据分步计数原理,2 个空位的填法种数为

$$A_n^2 = n(n-1).$$

求排列数 A_n^3 可以按依次填 3 个空位来考虑,得到

$$A_n^3 = n(n-1)(n-2).$$

同样,求排列数 A_n^m 可以按依次填 m 个空位来考虑:假定有排好顺序的 m 个空位(图 14-6),从 n 个不同元素 $a_1, a_2, \cdots, a_n$ 中任意取 m 个去填空,一个空位填 1 个元素,每一种填法就对应一个排列,因此所有不同填法的种数就是排列数 A_n^m.

图 14-6

填空可分为 m 个步骤:

第 1 步,第 1 位可以从 n 个元素中任选一个填上,共有 n 种填法;

第 2 步,第 2 位只能从余下的 $n-1$ 个元素中任选一个填上,共有 $n-1$ 种填法;

第 3 步,第 3 位只能从余下的 $n-2$ 个元素中任选一个填上,共有 $n-2$ 种填法;

……

第 m 步,当前面的 $m-1$ 个空位都填上后,第 m 位只能从余下的 $n-(m-1)$ 个元素中任选一个填上,共有 $n-m+1$ 种填法.

根据分步计数原理,全部填满 m 个空位共有

$$n(n-1)(n-2)\cdots(n-m+1)$$

种填法.

所以得到公式

$$A_n^m = n(n-1)(n-2)\cdots(n-m+1).$$

这里 $n, m \in \mathbf{N}$,并且 $m \leqslant n$. 这个公式叫作列数公式. 其中,公式右边中第一个因数是 n,后面的每个因数都比它前面一个因数少 1,最后一个因数为 $n-m+1$,共有 m 个因数相乘.

例如,

$$A_5^2 = 5 \times 4 = 20,$$

$$A_8^3 = 8 \times 7 \times 6 = 336.$$

【想一想】如果 $A_n^m = 17 \times 16 \times \cdots \times 5 \times 4$,那么 n 等于什么? m 等于什么?

n 个不同元素全部取出的一个排列,叫作 n 个不同元素的一个全排列.这时在排列数公式中,$m=n$,即有

$$A_n^m = n \cdot (n-1) \cdot (n-2) \cdots \cdot 3 \cdot 2 \cdot 1.$$

就是说,n 个不同元素全部取出的排列数,等于正整数 1 到 n 的连乘积.正整数 1 到 n 的连乘积,叫作 n 的阶乘,用 $n!$ 表示.所以 n 个不同元素的全排列数公式可以写成

$$A_n^n = n!.$$

案例分析

例1 计算:

(1) A_{16}^3 ;   (2) A_6^6 ;   (3) A_6^4 .

解:(1) $A_{16}^3 = 16 \times 15 \times 14 = 3\ 360$;

(2) $A_6^6 = 6! = 720$;

(3) $A_6^4 = 6 \times 5 \times 4 \times 3 = 360$.

由于已知 $6! = 720$,A_6^4 还可以这样计算:

$$A_6^4 = \frac{6 \times 5 \times 4 \times 3 \times 2 \times 1}{2 \times 1} = \frac{6!}{2!}$$
$$= \frac{720}{2} = 360.$$

上面我们看到,$A_6^4 = \dfrac{6!}{2!}$.一般地,

$$A_n^m = n(n-1)(n-2)\cdots(n-m+1)$$
$$= \frac{n \cdot (n-1) \cdot (n-2) \cdots \cdot (n-m+1) \cdot (n-m) \cdots \cdot 2 \cdot 1}{(n-m) \cdots \cdot 2 \cdot 1}$$
$$= \frac{n!}{(n-m)!}.$$

因此,排列数公式还可写成

$$A_n^m = \frac{n!}{(n-m)!}.$$

当 $m=n$ 时,$A_n^m = n!$.为了使上面的公式在 $m=n$ 时也能成立,我们规定

$$0! = 1.$$

利用一般的科学计算器,可求出任意一个正整数的阶乘数,从而可简化排列数的计算.例如,用计算器算得

$$A_8^6 = \frac{8!}{2!} = \frac{40\ 320}{2} = 20\ 160.$$

例2 某年全国足球甲级(A 组)联赛共有 14 队参加,每队都要与其余各队在主、客场分别比赛 1 次,共进行多少场比赛?

解:任何 2 队间进行 1 次主场比赛与 1 次客场比赛,对应于从 14 个元素中任取 2 个元素的一个排列,因此总共进行的比赛场次是

$$A_{14}^2 = 14 \times 13 = 182 \,(\text{场}).$$

答:一共进行 182 场比赛.

例 3 (1)有 5 本不同的书,从中选 3 本送给 3 名同学,每人各 1 本,共有多少种不同的送法?

(2)有 5 种不同的书,要买 3 本送给 3 名同学,每人各 1 本,共有多少种不同的送法?

解:(1)从 5 本不同的书中选出 3 本分别送给 3 名同学,对应于从 5 个元素中任取 3 个元素的一个排列,因此不同送法的种数是

$$A_5^3 = 5 \times 4 \times 3 = 60.$$

答:共有 60 种不同的送法.

(2)由于有 5 种不同的书,送给每个同学的 1 本书都有 5 种不同的选购方法,因此送给 3 名同学每人各 1 本书的不同方法种数是

$$5 \times 5 \times 5 = 125.$$

答:共有 125 种不同的送法.

两道小题的区别在于:第(1)小题是从 5 本不同的书中选出 3 本分送 3 位同学,每人得到的书不同,属于求排列数问题;而第(2)小题中,给每人的书均可从 5 种不同的书中任选 1 种,每人得到哪种书相互之间没有影响,要用分步计数原理进行计算.

例 3 某信号兵用红、黄、蓝 3 面旗从上到下挂在竖直的旗杆上表示信号,每次可以任挂 1 面、2 面或 3 面,并且不同的顺序表示不同的信号,一共可以表示多少种不同的信号?

解 如果把 3 面旗看成 3 个元素,则从 3 个元素里每次取出 1 个、2 个或 3 个元素的一个排列对应一种信号.于是,用 1 面旗表示的信号有 A_3^1 种,用 2 面旗表示的信号有 A_3^2 种,用 3 面旗表示的信号有 A_3^3 种,根据分类计数原理,所求的信号种数是

$$A_3^1 + A_3^2 + A_3^3 = 3 + 3 \times 2 + 3 \times 2 \times 1 = 15.$$

答:一共可以表示 15 种不同的信号.

例 5 用 0 到 9 这 10 个数字,可以组成多少个没有重复数字的三位数?

解法 1:由于在没有重复数字的三位数中,百位上的数字不能是 0,可根据所带的这个附加条件将组成没有重复数字的三位数看作是分成两步完成:先排百位上的数字,它可从 1 到 9 这 9 个数字中任选 1 个,有 A_9^1 种选法;再排十位和个位上的数字,可从余下的 9 个数字中任选 2 个,有 A_9^2 种选法(图 14 - 7).根据分步计数原理,所求的三位数的个数是

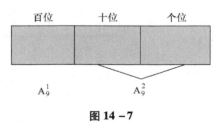

图 14 - 7

$$A_9^1 \cdot A_9^2 = 9 \times 9 \times 8 = 648.$$

解法 2:如图 14 - 8 所示,符合条件的三位数可以分成 3 类.

每一个数都不是 0 的三位数有 A_9^3 个,个位数字是 0 的三位数有 A_9^2 个,十位数字是 0 的三位数有 A_9^2 个.根据分类计数原理,符合条件的三位数的个数是

$$A_9^3 + A_9^2 + A_9^2 = 648.$$

解法 3:从 0 到 9 这 10 个数字中任选 3 个数字的排列数为 A_{10}^3,其中以 0 为排头的排列数为 A_9^2,因此它们的差就是用这 10 个数字组成的没有重复数字的三位数的个数,即所求的

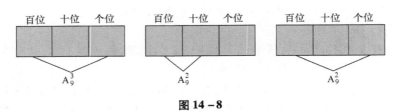

图 14－8

三位数的个数是

$$A_{10}^3 - A_9^2 = 10 \times 9 \times 8 - 9 \times 8 = 648.$$

答：可以组成 648 个没有重复数字的三位数．

对于例 4 这类求排列数的问题，可用适当方法将问题分解．其中解法 1 是将组成没有重复数字的三位数这件事看作是分步完成，依据是分步计数原理；解法 2 是将做这件事看作是分类完成，依据是分类计数原理；而解法 3 则是一种逆向思考方法，先求不是三位数的 3 个不重复数字的排列数，然后从所有不重复的 3 个数字的排列数中将它减去，就得到所求的三位数．

 习题演练

1. 写出：

(1) 从 4 个元素 a，b，c，d 中任取 2 个元素的所有排列；

(2) 从 5 个元素 a，b，c，d，e 中任取 2 个元素的所有排列．

2. 计算：

(1) A_{15}^4；　　　　(2) A_7^7；

(3) $A_8^4 - 2A_8^2$；　　　(4) $\dfrac{A_{12}^8}{A_{12}^7}$．

3. 计算下表中的阶乘数，并填入表中：

n	2	3	4	5	6	7	8
$n!$							

4. 选择题．

(1) $18 \times 17 \times 16 \times \cdots \times 9 \times 8$ 等于（　　　）．

A. A_{18}^8　　　B. A_{18}^9　　　C. A_{18}^{10}　　　D. A_{18}^{11}

(2) 下列各式中，不等于 $n!$ 的是（　　　）．

A. A_n^n　　　B. $\dfrac{1}{n+1}A_{n+1}^{n+1}$　　　C. A_{n+1}^n　　　D. nA_{n-1}^{n-1}

5. 从参加乒乓球团体比赛的 5 名运动员中选出 3 名进行某一场比赛，并排定他们的出场顺序，有多少种不同的方法？

6. 从 4 种蔬菜品种中选出 3 种，分别种植在不同土质的 3 块土地上进行试验，有多少种不同的种植方法？

14.3　组合

14.3.1　组合的概念

从甲、乙、丙 3 名同学中选出 2 名去参加一项活动,有多少种不同的选法?

很明显,从 3 名同学中选出 2 名,不同的选法有 3 种:甲、乙,乙、丙,丙、甲.

【想一想】这一问题与上节开始提出的问题有什么不同?

从甲、乙、丙 3 名同学中选出 2 名去参加一项活动,如果要求其中 1 名同学参加上午的活动,1 名同学参加下午的活动,由于"甲上午、乙下午"与"乙上午、甲下午"是两种不同的选法,这个问题是从 3 个不同的元素中取出 2 个,并按照一定的顺序排列,要求出有多少种不同的排列方法,这是上一节研究的排列问题.

本节的问题是从 3 名同学中选出 2 名参加一项活动,所选出的 2 名之间并无顺序关系,因而它是从 3 个不同的元素中取出 2 个,不管怎样的顺序并成一组,求一共有多少个不同的组,这就是本节所要研究的组合问题.

一般地,从 n 个不同元素中取出 $m(m \leqslant n)$ 个元素并成一组,叫作从 n 个不同元素中取出 m 个元素的一个组合.

从排列和组合的定义可以知道,排列与元素的顺序有关,而组合与顺序无关.如果两个组合中的元素完全相同,那么不管元素的顺序如何,都是相同的组合;只有当两个组合中的元素不完全相同时,才是不同的组合.例如,ab 与 ba 是两个不同的排列,但它们却是同一个组合.

上面,从 3 名同学中选出 2 名参加一项活动,求有多少种不同的选法,就是要求出从 3 个不同的元素中取出 2 个元素的所有组合的个数.

在 4 个不同元素 a,b,c,d 中取出 2 个,共有多少种不同的组合?

为了回答这个问题,可以先画出图 14－9.

图 14－9

由此可以写出所有的组合:

$$ab,ac,ad,bc,bd,cd.$$

即共有 6 种不同的组合.

【想一想】下面的问题是排列问题,还是组合问题?

从 4 个风景点中选出 2 个安排游览,有多少种不同的方法?

从 4 个风景点中选出 2 个,并确定这 2 个风景点的游览顺序,有多少种不同的方法?

从 n 个不同元素中取出 $m(m \leq n)$ 个元素的所有组合的个数,叫作从 n 个不同元素中取出 m 个元素的组合数,用符号 C_n^m 表示. 例如,从 8 个不同元素中取出 5 个元素的组合数表示为 C_8^5,从 7 个不同元素中取出 6 个元素的组合数表示为 C_7^6.

从上面知道,从 3 个不同元素中取出 2 个元素的组合数是

$$C_3^2 = 3,$$

从 4 个不同元素中取出 2 个元素的组合数是

$$C_4^2 = 6,$$

那么,从 4 个不同元素 a,b,c,d 中取出 3 个元素的组合数 C_4^3 是多少呢?

由于从 4 个不同元素中取出 3 个的排列数 A_4^3 可以求得,我们可以考虑一下 C_4^3 与 A_4^3 的关系. 从 4 个不同元素 a,b,c,d 中取出 3 个元素的组合与排列的关系如下.

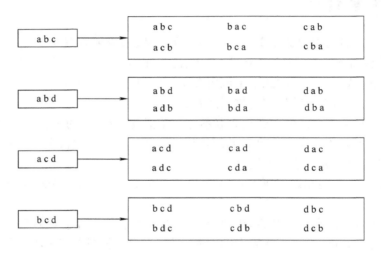

从上面可以看出,每一个组合都对应着 6 个不同的排列,因此求从 4 个不同元素中取出 3 个元素的排列数 A_4^3,可以分为以下两步:

第 1 步,考虑从 4 个不同元素中取出 3 个元素的组合,共有 $C_4^3(\ =4)$ 个;

第 2 步,对每一个组合中的 3 个不同元素作全排列,各有 $A_3^3(\ =6)$ 个.

根据分步计数原理,得

$$A_4^3 = C_4^3 \cdot A_3^3,$$

因此

$$C_4^3 = \frac{A_4^3}{A_3^3}.$$

一般地,求从 n 个不同元素中取出 m 个元素的排列数 A_n^m,可分为以下两步:

第 1 步,先求出从这 n 个不同元素中取出 m 个元素的组合数 C_n^m;

第 2 步,求每一个组合中 m 个元素的全排列数 A_m^m.

根据分步计数原理,得到

$$A_n^m = C_n^m \cdot A_m^m,$$

因此

$$C_n^m = \frac{A_n^m}{A_m^m} = \frac{n(n-1)(n-2)\cdots(n-m+1)}{m!}.$$

这里 $n, m \in \mathbf{N}$,并且 $m \leqslant n$. 这个公式叫作组合数公式.

例如, $C_4^2 = \dfrac{A_4^2}{A_2^2} = \dfrac{4 \times 3}{2!} = 6$.

因为

$$A_n^m = \frac{n!}{(n-m)!}.$$

所以,上面的组合数公式还可以写成

$$C_n^m = \frac{n!}{m!(n-m)!}.$$

 案例分析

例 1　计算:

(1) C_7^4 ;　　　(2) C_{10}^7.

解:(1) $C_7^4 = \dfrac{7 \times 6 \times 5 \times 4}{4!} = 35$;

(2) $C_{10}^7 = \dfrac{10 \times 9 \times 8 \times 7 \times 6 \times 5 \times 4}{7!} = 120$;

或 $C_{10}^7 = \dfrac{10!}{7! \; 3!} = \dfrac{10 \times 9 \times 8}{3!} = 120$.

例 2　求证: $C_n^m = \dfrac{m+1}{n-m} \cdot C_n^{m+1}$.

证明:因为 $C_n^m = \dfrac{n!}{m!(n-m)!}$,而

$$\frac{m+1}{n-m} \cdot C_n^{m+1} = \frac{m+1}{n-m} \cdot \frac{n!}{(m+1)!(n-m-1)!}$$

$$= \frac{m+1}{(m+1)!} \cdot \frac{n!}{(n-m)(n-m-1)!}$$

$$= \frac{n!}{m!(n-m)!},$$

所以 $C_n^m = \dfrac{m+1}{n-m} \cdot C_n^{m+1}$.

 习题演练

1. 甲、乙、丙、丁 4 个足球队举行单循环赛:

(1)列出所有各场比赛的双方;

(2)列出所有冠亚军的可能情况.

2. 已知平面内 A,B,C,D 这 4 个点中任意 3 个点都不在一条直线上,写出由其中每 3 个点为顶点的所有三角形.

3. 写出:

(1)从 5 个元素 a,b,c,d,e 中任取 2 个元素的所有组合;

(2)从 5 个元素 a,b,c,d,e 中任取 3 个元素的所有组合.

4. 利用第 3 题的第(1)小题的结果写出从 5 个元素 a,b,c,d,e 中任取 2 个元素的所有排列.

5. 计算:

(1) C_6^2 ；　　　　　　　(2) C_8^3 ；

(3) $C_7^3 - C_6^2$ ；　　　　(4) $3C_8^3 - 2C_5^2$.

14.3.2 组合数的两个性质

在例 1 中,我们算得

$$C_{10}^7 = \frac{10!}{7! \ 3!} = \frac{10 \times 9 \times 8}{3!} = 120,$$

又

$$C_{10}^3 = \frac{10 \times 9 \times 8}{3!} = 120,$$

即

$$C_{10}^3 = C_{10}^7 \text{ 或 } C_{10}^7 = C_{10}^{10-7}.$$

怎样对这一结果进行解释呢?

事实上,从 10 个元素中取出 7 个元素后,还剩下 3 个元素. 就是说,从 10 个元素中每次取出 7 个元素的一个组合,与剩下的 $(10-7)$ 个元素的组合是一一对应的. 因此,从 10 个元素中取出 7 个元素的组合数,与从这 10 个元素中取出 $(10-7)$ 个元素的组合数是相等的,即有

$$C_{10}^7 = C_{10}^{10-7}.$$

一般地,从 n 个不同元素中取出 m 个元素后,剩下 $n-m$ 个元素. 因为从 n 个不同元素中取出 m 个元素的每一个组合,与剩下的 $n-m$ 个元素的每一个组合一一对应,所以从 n 个不同元素中取出 m 个元素的组合数,等于从这 n 个元素中取出 $n-m$ 个元素的组合数即.

性质 1: $C_n^m = C_n^{n-m}$.

证明:根据组合数的公式有

$$C_n^m = \frac{n!}{m!(n-m)!},$$

$$C_n^{n-m} = \frac{n!}{(n-m)![n-(n-m)]!}$$

$$= \frac{n!}{m!(n-m)!},$$

所以 $C_n^m = C_n^{n-m}$.

为简化计算,当 $m > \frac{n}{2}$ 时,通常将计算 C_n^m 改为计算 C_n^{n-m}.

为了使上面的公式在 $m = n$ 时也能成立,我们规定

$$C_n^0 = 1.$$

 **案例分析**

例 1 (1)平面内有 10 个点,以其中每 2 个点为端点的线段共有多少条?

(2)平面内有 10 个点,以其中每 2 个点为端点的有向线段共有多少条?

解:(1)以平面内 10 个点中每 2 个点为端点的线段的条数,就是从 10 个不同元素中取出 2 个元素的组合数,即

$$C_{10}^2 = \frac{10 \times 9}{1 \times 2} = 45.$$

答:以 10 个点中每 2 个点为端点的线段共有 45 条.

(2)由于有向线段的两个端点中一个是起点、一个是终点,以平面内 10 个点中每 2 个点为端点的有向线段的条数,就是从 10 个不同元素中取出 2 个元素的排列数,即

$$A_{10}^2 = 10 \times 9 = 90.$$

答:以 10 个点中每 2 个点为端点的有向线段共有 90 条.

第(1)小题不考虑线段两个端点的顺序,是组合问题;第(2)小题要考虑线段两个端点的顺序,是排列问题.

例 2 一个口袋内装有大小相同的 7 个白球和 1 个黑球.

(1)从口袋内取出 3 个球,共有多少种取法?

(2)从口袋内取出 3 个球,使其中含有 1 个黑球,有多少种取法?

(3)从口袋内取出 3 个球,使其中不含黑球,有多少种取法?

解:(1)从口袋内的 8 个球中取出 3 个球,取法种数是

$$C_8^3 = \frac{8 \times 7 \times 6}{3!} = 56.$$

答:从口袋内取出 3 个球,共有 56 种取法.

(2)从口袋内取出的 3 个球中有 1 个是黑球,于是还要从 7 个白球中再取出 2 个,取法种数是

$$C_7^2 = \frac{7 \times 6}{2!} = 21.$$

答:取出含有 1 个黑球的 3 个球,共有 21 种取法.

(3)由于所取出的 3 个球中不含黑球,也就是要从 7 个白球中取出 3 个球,取法种数是

$$C_7^3 = \frac{7 \times 6 \times 5}{3!} = 35.$$

答：取出不含黑球的 3 个球，共有 35 种取法．

从上面我们发现：

$$C_8^3 = C_7^2 + C_7^3.$$

你能对上面的等式作出解释吗？

实际上，从口袋内的 8 个球中所取出的 3 个球，可以分为两类：一类含 1 个黑球，一类不含黑球．因此根据分类计数原理，上面的等式成立．

一般地，从 $a_1, a_2, \cdots, a_{n+1}$ 这 $n+1$ 个不同的元素中取出 m 个的组合数是 C_{n+1}^m，这些组合可以分成两类：一类含有 a_1，一类不含 a_1．含有 a_1 的组合是从 $a_2, \cdots, a_{n+1}$ 这 n 个元素中取出 $m-1$ 个元素与 a_1 组成的，共有 C_n^{m-1} 个；不含 a_1 的组合是从 $a_2, \cdots, a_{n+1}$ 这 n 个元素中取出 m 个元素组成的，共有 C_n^m 个．

性质 2：$C_{n+1}^m = C_n^m + C_n^{m-1}$.

证明：根据组合数公式有

$$
\begin{aligned}
C_n^m + C_n^{m-1} &= \frac{n!}{m!(n-m)!} + \frac{n!}{(m-1)![n-(m-1)]!} \\
&= \frac{n!(n-m+1) + n!m}{m!(n-m+1)!} \\
&= \frac{(n-m+1+m)n!}{m!(n+1-m)!} \\
&= \frac{(n+1)!}{m![(n+1)-m]!} \\
&= C_{n+1}^m,
\end{aligned}
$$

所以

$$C_{n+1}^m = C_n^m + C_n^{m-1}.$$

这个关系式是组合数的另一重要性质，在下一小节将会看到它的重要应用．

案例分析

例 在 100 件产品中，有 98 件合格品，2 件次品．从这 100 件产品中任意抽出 3 件．

（1）一共有多少种不同的抽法？

（2）抽出的 3 件中恰好有 1 件是次品的抽法有多少种？

（3）抽出的 3 件中至少有 1 件是次品的抽法有多少种？

解：（1）所求的不同抽法的种数，就是从 100 件产品中取出 3 件的组合数

$$C_{100}^3 = \frac{100 \times 99 \times 98}{3 \times 2 \times 1} = 161\ 700.$$

答：共有 161 700 种抽法．

（2）从 2 件次品中抽出 1 件次品的抽法有 C_2^1 种，从 98 件合格品中抽出 2 件合格品的抽法有 C_{98}^2 种，因此抽出的 3 件中恰好有 1 件是次品的抽法的种数是

$$C_2^1 \cdot C_{98}^2 = 2 \times 4\ 753 = 9\ 506.$$

答：3 件中恰好有 1 件是次品的抽法有 9 506 种．

（3）解法 1：从 100 件产品抽出的 3 件中至少有 1 件是次品，包括有 1 件次品和有 2 件次品这两种情况．在第（2）小题中已求得其中 1 件是次品的抽法有 $C_2^1 \cdot C_{98}^2$ 种．同理，抽出的 3 件中恰好有 2 件是次品的抽法有 $C_2^2 \cdot C_{98}^1$ 种，因此根据分类计数原理，抽出的 3 件中至少有 1 件是次品的抽法的种数是

$$C_2^1 \cdot C_{98}^2 + C_2^2 \cdot C_{98}^1 = 9\ 506 + 98 = 9\ 604.$$

解法 2：抽出的 3 件中至少有 1 件是次品的抽法的种数，也就是从 100 件中抽出 3 件的抽法的种数减去 3 件中都是合格品的抽法的种数，即

$$C_{100}^3 - C_{98}^3 = 161\ 700 - 152\ 096 = 9\ 604.$$

答：3 件中至少有 1 件是次品的抽法有 9 604 种．

现在，我们可以回答本章"引言"里提出的问题．根据题意，有：

第 1 阶段的比赛场次为 $8C_6^2 = 120$；

第 2 阶段的比赛场次为 $4C_4^2 = 24$；

第 3 阶段的比赛场次为 $2 + 2 = 4$．

它们的和为 148，即整个赛程一共有 148 场比赛．

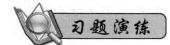 习题演练

1. 计算．

（1）C_{20}^{17}；　　　　　　（2）C_{100}^{98}．

2. 选择题．

$C_{12}^5 + C_{12}^6 = ($　　　　$)$．

    A. C_{13}^5　　　　　B. C_{13}^6　　　　　C. C_{13}^{11}　　　　　D. C_{12}^7

3. 求证：

（1）$C_7^3 + C_7^4 + C_8^5 = C_9^5$；

（2）$C_5^0 + C_5^1 + C_5^2 + C_5^3 + C_5^4 + C_5^5 = 2^5$．

4. 6 个小朋友聚会，每两人握手 1 次，一共握手多少次？

5. 学校开设了 6 门任意选修课，要求每个学生从中选学 3 门，共有多少种不同的选法？

6. 从 3，5，7，11 这四个质数中任取两个相乘，可以得到多少个不相等的积？

本 章 小 结

一、知识结构图

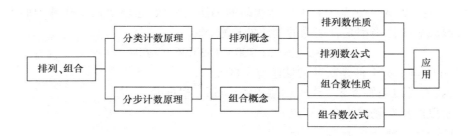

二、回顾与思考

1. 分类计数原理与分步计数原理都是完成一件事有多少不同的方案,其中分类计数原理是完成一件事有 n 类不同的方案,每一类方案中又有几种不同的方案,那么完成这件事的不同方法是每类方案中不同方案的总和;而分步计数原理是完成一件事有 n 个步骤,每个步骤又有几种不同的方案,那么完成这件事的不同方法是每步方案的乘积.

2. 排列、组合都是研究从一些不同元素中取出 n 个元素的问题,这是两个既有联系又完全不同的概念. 本质区别在于:前者有顺序,而后者无顺序.

3. 区别某一问题是排列问题还是组合问题,关键是看选出的元素与顺序是否有关,若交换某两个元素的位置对结果产生影响,则是排列问题,否则是组合问题.

复 习 题

1. 一个商店销售某种型号的电视机,其中本地的产品有 4 种,外地的产品有 7 种,要买 1 台这种型号的电视机,有多少种不同的选法?

2. 如右图,从甲地到乙地有 2 条路,从乙地到丁地有 3 条路,从甲地到丙地有 4 条路,从丙地到丁地有 2 条路. 从甲地到丁地共有多少种不同的走法?

3. 用 1,5,9,13 中任意一个数作分子,4,8,12,16 中任意一个数作分母,可构造多少个不同的分数? 可构造多少个不同的真分数?

4. (1)4 名同学分别报名参加学校的足球队、篮球队、乒乓球队,每人限报其中的 1 个运动队,不同报名方法的种数是 3^4 还是 4^3?

(2)3 个班分别从 5 个风景点中选择 1 处游览,不同选法的种数是 3^5 还是 5^3?

5. 计算:

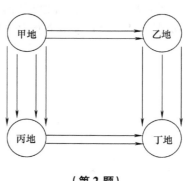

(第 2 题)

(1) $5A_5^3 + 4A_4^2$；　　　　　　(2) $A_4^1 + A_4^2 + A_4^3 + A_4^4$.

6. 求下列各式中的 n：

(1) $A_{2n}^3 = 10A_n^3$；　　　　　　(2) $\dfrac{A_n^5 + A_n^4}{A_n^3} = 4$.

7. 求证：

(1) $A_7^5 + 5A_7^4 = A_8^5$；　　　　　　(2) $A_n^m + mA_n^{m-1} = A_{n+1}^m$.

8. 填空：

(1) 已知 $A_{10}^m = 10 \times 9 \times \cdots \times 5$，那么 $m =$ ____；

(2) 已知 $9! = 362\,880$，那么 $A_9^7 =$ ____；

(3) 已知 $A_n^2 = 56$，那么 $n =$ ____；

(4) 已知 $A_n^2 = 7A_{n-4}^2$，那么 $n =$ ____.

9. 一个火车站有 8 股岔道，停放 4 列不同的火车，有多少种不同的停放方法（假定每股岔道只能停放 1 列火车）？

10. 一部纪录影片在 4 个单位轮映，每一单位放映 1 场，有多少种轮映次序？

11. (1) 由数字 1，2，3，4，5 可以组成多少个没有重复数字的正整数呢？

(2) 由数字 1，2，3，4，5 可以组成多少个没有重复数字并且比 13\,000 大的正整数呢？

12. (1) 7 个小朋友站成一排，如果甲必须站在正中间，有多少种排法？

(2) 7 个小朋友站成一排，如果甲、乙 2 人必须站在两端，有多少种排法？

(3) 7 个小朋友站成两排，其中 3 个女孩站在前排，4 个男孩站在后排，有多少种排法？

(4) 7 个小朋友站成两排，其中前排站 3 人，后排站 4 人，有多少种排法？

13. 幼儿园要安排一场文艺晚会的 11 个节目的演出顺序．除第 1 个节目和最后 1 个节目已确定外，4 个音乐节目要求排在第 2、5、7、10 的位置，3 个舞蹈节目要求排在第 3、6、9 的位置，2 个曲艺节目要求排在第 4、8 的位置，共有多少种不同的排法？

14. 计算：

(1) C_{15}^3；　　　　　　　　(2) C_{200}^{197}；

(3) $C_6^3 \div C_8^4$；　　　　　　(4) $C_{n+1}^n \cdot C_n^{n-2}$.

15. 求证：

(1) $C_{n+1}^m = C_n^{m-1} + C_{n-1}^m + C_{n-1}^{m-1}$；

(2) $C_n^{m+1} + C_n^{m-1} + 2C_n^m = C_{n+2}^{m+1}$.

16. 圆上有 10 个点：

(1) 过每 2 个点画一条弦，一共可画多少条弦；

(2) 过每 3 个点画一个圆内接三角形，一共可画多少个圆内接三角形？

17. (1) 凸五边形有多少条对角线？

(2) 凸 n 边形有多少条对角线？

18. 壹圆、贰圆、伍圆、拾圆的人民币各 1 张，一共可以组成多少种币值？

19. (1) 空间有 8 个点，其中任何 4 点不共面，过每 3 个点作一个平面，一共可以作多少个平面？

(2) 空间有 10 个点，其中任何 4 点不共面，以每 4 个点为顶点作一个四面体，一共可以作多少个四面体？

20. 填空：

(1)有 3 张参观券，要在 5 人中确定 3 人去参观，不同方法的种数是_____；

(2)要从 5 件不同的礼物中选出 3 件分送 3 位同学，不同方法的种数是_____；

(3)5 名工人分别要在 3 天中选择 1 天休息，不同方法的种数是_____；

(4)集合 A 有 m 个元素，集合 B 有 n 个元素，从两个集合中各取出 1 个元素，不同方法的种数是_____.

21. 在一次考试的选做题部分，要求在第 1 题的 4 个小题中选做 3 个小题，在第 2 题的 3 个小题中选做 2 个小题，在第 3 题的 2 个小题中选做 1 个小题，有多少种不同的选法？

22. 从 5 名男生和 4 名女生中选出 4 人去参加辩论比赛.

(1)如果 4 人中男生和女生各选 2 人，有多少种选法？

(2)如果男生中的甲与女生中的乙必须在内，有多少种选法？

(3)如果男生中的甲与女生中的乙至少要有 1 人在内，有多少种选法？

(4)如果 4 人中必须既有男生又有女生，有多少种选法？

23. 6 人同时被邀请参加一项活动. 必须有人去，去几人自行决定，共有多少种不同的去法？

24. 在 200 件产品中，有 2 件次品，从中任取 5 件：

(1)"其中恰有 2 件次品"的抽法有多少种；

(2)"其中恰有 1 件次品"的抽法有多少种；

(3)"其中没有次品"的抽法有多少种；

(4)"其中至少有 1 件次品"的抽法有多少种？

25. 从 1,3,5,7,9 中任取 3 个数字，从 2,4,6,8 中任取 2 个数字，一共可以组成多少个没有重复数字的五位数？

*26. 甲、乙、丙、丁、戊 5 名学生进行某种劳动技术比赛，决出了第 1 名到第 5 名的名次. 甲、乙两名参赛者去询问成绩，回答者对甲说，"很遗憾，你和乙都未拿到冠军"；对乙说，"你当然不会是最差的". 从这个回答分析，5 人的名次排列共可能有多少种不同情况？

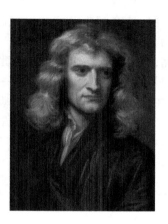

　　艾萨克·牛顿,于 1643 年出生于英格兰林肯州活尔斯索浦. 父亲在他出生前 3 个月就去世了,母亲改嫁后他只得由外祖母和舅舅抚养. 幼年的牛顿,学习平平,但却非常喜欢手工制作. 同时他还对绘画有着非凡的才华.

　　牛顿 12 岁开始上中学,这时他的爱好由手工制作发展到爱搞机械小制作. 他从小制作中体会到学好功课,特别是学好数学,对动手搞好制作大有益处. 于是牛顿在学习中加倍努力,成绩大有进步.

　　牛顿 15 岁时,由于家庭原因,被迫辍学务农. 非常渴求知识的牛顿,仍然抓紧一切时间学习、苦读. 牛顿这种勤奋好学的精神感动了牛顿的舅舅. 终于在舅舅的资助之下又回到学校复读.

　　1661 年,19 岁的牛顿,考入了著名的剑桥大学. 在学习期间,牛顿的第一任教授伊萨克·巴鲁独具慧眼,发现了牛顿具有深邃的观察力、敏锐的理解力,于是将自己掌握的数学知识传授给了牛顿,并把他引向近代自然科学的研究. 1664 年,经考试牛顿被选为巴鲁的助手. 1665 年,牛顿大学毕业,获得学士学位. 正准备留校继续深造的时候,严重的鼠疫席卷英国,剑桥大学被迫关闭了. 牛顿两次回到故乡避灾,而这恰恰是牛顿一生中最重要的转折点. 牛顿在家乡安静的环境里,专心致志地思考数学、物理学和天文学问题,思想火山积聚多年的活力,终于爆发了,智慧的洪流滚滚奔腾. 短短的 18 个月,他就孕育成形了流数术(微积分)、万有引力定律和光学分析的基本思想. 牛顿于 1684 年通过计算彻底解决了 1666 年发现的万有引力. 1687 年,他 45 岁时完成了人类科学史上少有科学巨著《自然哲学的数学原理》,继承了开普勒、伽里略的思想,用数学方法建立起完整的经典力学体系,轰动了全世界.

　　牛顿的数学贡献,最突出的有三项,即作为特殊形式的微积分的"流数术". 二项式定理及"广义的算术"(代数学).

　　牛顿为了解决运动问题,创立了一种和物理概念直接联系的数学理论,即牛顿称之为"流数术"的理论,这实际上就是微积分理论. 牛顿在 1665 年 5 月 20 日的一份手稿中提到"流数术",因此牛顿始创微积分的时间比现代微积分的创始人德国的数学家莱布尼茨大约早 10 年,但从正式公开发表的时间来说牛顿却比莱布尼茨要晚. 事实上,他们二人是各自独立地建立了微积分．只不过牛顿的"流数术"还存在着一些缺陷．

《广义算术》则总结了符号代数学的成果，推动了初等数学的进一步发展．这本书关于方程论也有些突出的见解．其中比较著名的是"牛顿幂和公式"．

牛顿的数学贡献还远不止这些，他在解析几何中的成就也是令人瞩目的．他的"一般曲线直径"理论，引起了解析几何界的广泛重视．

牛顿在其他科学领域的研究，毫不逊色于在数学上的贡献．牛顿曾经说过：我不过就像是一个在海滨玩耍的小孩，为不时发现比寻常更为光滑的一块卵石或比寻常更为美丽的一片贝壳而沾沾自喜，而对于展现在我面前的浩瀚的真理的海洋，却全然没有发现．从这里可以看出一代伟人的谦虚美德．这些美德和他的成就，都值得后人去继承、去学习．

第15章 概　率

世界上有很多事情具有偶然性，人们不能事先判定这些事情是否一定会发生，这类事情被称为随机事件．例如：在不同季节时，预测第二天是否能下暴雪、刮大风、下大雨等突发天气状况；购买一期福利彩票是否能中奖；抛掷一枚硬币，它的正面是否能朝上等．这些事情的结果都具有不确定性，是无法预知的．难道人们真的对这类随机事件完全无法把握、束手无策吗？不是！随着对事件发生的可能性的深入研究，人们发现当把一类随机事件放在一起时，它们的发生也是有规律可循的．概率是描述随机事件发生可能性大小的度量，它已经渗透到人们的日常生活中，成为一个常用词语．例如，在冬天，天气预报说明天下暴雪的概率为90％，就意味着明天有很大可能下暴雪．什么是概率的准确含义呢？计算随机事件概率的方法是什么样的呢？本章我们将进一步学习与探讨与概率相关的一些基本概念和研究方法，从而提高对随机事件发生规律的认识．

15.1　随机事件的概率

下面的几个事件一定发生吗？（1）每天用10元钱买彩票，连续买一个月，就一定中奖；（2）太阳每天从东方升起；（3）没有水分，种子也可以发芽．

生活中有许多像这样的事件都要用到数学中的概率论，有了概率的知识，我们就可以很好地解释或解决身边遇到的一些问题．

日常生活中,有些问题是很难给予准确无误的回答的,如"情绪稳定"与"情绪不稳定","健康"与"不健康","年轻"与"年老".研究这类现象的数学工具是模糊数学.生活中还有许多确定事件,例如在标准大气压下,加热到100 ℃时水必然会沸腾等.

在某一条件下一定发生某一结果的事件叫作相对于这一条件的必然事件.

在某一条件下一定不会发生的事件叫作相对于这一条件的不可能事件.

必然事件与不可能事件统称为相对于这一条件的确定事件.

在客观世界中,大量存在着事前不可预言的事件,或知道事物过去的状况,但未来的发展却不能完全肯定.例如:买彩票中奖;以同样的方式抛掷硬币却可能出现正面向上也可能出现反面向上;走到某十字路口时,可能正好是红灯,也可能正好是绿灯或黄灯.

在某一条件下可能发生也可能不发生的事件,叫作相对于这个条件的随机事件.

在这三类事件中,必然事件一定会发生,不可能事件绝对不发生,而随机事件可能发生也可能不发生.我们不仅关注它发生或者不发生,更关注它发生的可能性大小,对于"可能性大小",我们把它称为概率.概率论是研究随机事件的数量规律的数学分支.那如何获得随机事件发生的可能性大小呢?最有用、最直接的方法就是试验.随机事件在一次试验中是否发生是不能事先确定的,那么在大量重复试验的情况下,它的发生是否会有规律性呢?

下面我们通过做一个抛掷硬币的试验,来了解"抛掷一枚硬币,正面向上"这个随机事件发生的可能性大小.

第一步:每人各取一枚同样的硬币,做 10 次抛掷硬币试验,记录正面向上的次数,并计算正面向上的频率,将试验结果填入表 15 - 1 中.

表 15 - 1

姓名	试验次数(n)	正面向上次数(m)	频率(m/n)
	10		

想一想 1:与其他同学的试验结果比较,你的结果与他们一致吗?为什么会出现这样的情况?计算学生间的极差.

第二步:每个小组把本组的试验结果统计一下,填入表 15 - 2 中.

表 15 - 2

组次	试验总次数(n)	正面向上总次数(m)	频率(m/n)

想一想 2:与其他小组的试验结果比较,各组的结果一致吗?为什么?计算组与组之间的极差.

第三步:统计全班的试验结果,填入表 15 - 3 中.

表 15 - 3

班级	试验总次数(n)	正面向上总次数(m)	频率(m/n)

想一想 3:比较全班的结果与多数小组的结果哪个更接近 0.5?

第四步:把试验的结果看成一个样本,统计每个个体的频数,并计算相应的频率:

想一想4:根据上表画出相应的正面朝上次数的频率分布条形图.

第五步:找出抛掷硬币时正面朝上这个事件发生的规律.

想一想5:找出抛掷硬币时正面朝上这个事件发生的规律,随着试验次数的增加,正面向上的频率稳定在0.5附近.

初中时我们已学过频数和频率的概念,即在相同的条件 S 下重复 n 次试验,观察一事件 A 是否出现,称 n 次试验中事件 A 出现的总次数 n_A 为事件 A 出现的频数,称事件 A 出现的比例 $f_n(A) = n_A / n$ 为事件 A 出现的频率.

想一想6:必然事件和不可能事件出现的频率分别是多少?

历史上有人曾经做过大量重复掷硬币的试验. 表 15－4 给出法国的蒲丰(1707—1788 年)和英国统计学家皮尔逊(1857—1936 年)掷钱试验的结果.

表 15－4

试验者	掷钱次数	掷出国徽次数	频率
蒲丰	4 040	2 048	0.506 9
皮尔逊	12 000	6 019	0.501 6
皮尔逊	2 400	12 012	0.500 5

这些试验证明了当试验次数相当大时,频率稳定于某一常数.

下面给出随机事件的概率定义:对于给定的随机事件 A,随着试验次数的增加,事件 A 发生的频率 $f_n(A)$ 总是接近于区间 $[0,1]$ 中的某个常数,我们就把这个常数叫作事件 A 的概率,记作 $P(A)$.

显然,"频率"和"概率"这两个概念是有区别的:频率具有随机性,它反映的是某一随机事件出现的频繁程度,它反映的是随机事件出现的可能性;概率是一个客观常数,它反映了随机事件的属性.

想一想7:必然事件和不可能事件出现的概率是多少?

习题演练

1. 指出下列事件是必然事件、不可能事件、还是随机事件:

(1)某电话机在一分钟之内收到三次呼叫;

(2)当 x 是实数时,$x^2 \geqslant 0$;

(3)在常温下钢铁熔化;

(4)打开电视机,正在播放新闻.

2. 随机事件由事件发生概率的大小分为大概率事件和小概率事件.

(1)举出一个小概率事件的例子. 如:买一张彩票中特等奖.

(2)举出一个大概率事件的例子. 如:买一张彩票没中奖.

(3)大家都知道"守株待兔"的故事吧? 你会像农夫一样吗? 为什么?

(4)为什么彩票中奖概率那么小,还有那么多人买?

概率论产生于 17 世纪,但数学家们思考概率论问题的源泉,却来自于赌博. 传说早在 1654 年,有一个赌徒向当时的数学家提出一个使他苦恼了很久的问题:"两个赌徒相约赌若干局,谁先赢 3 局就算赢,全部赌本就归谁. 但是当其中一个人赢了 2 局,另一个人赢了 1 局的时候,由于某种原因,赌博终止了. 问:赌本应该如何分才合理. 这位数学家是当时著名的数学家,但这个问题却让他苦苦思索了三年,三年后荷兰著名的数学家企图自己解决这一问题,结果写成了《论赌博中的计算》一书,这就是概率论最早的一部著作.

概率论的先驱雅各布·贝努力(1654—1705 年),瑞士数学家,被公认为概率论的先驱. 他给出了著名的大数学定律,阐述了随着试验次数的增加,频率稳定在概率附近.

15.2 生活中的概率

与幼儿做一个游戏:口袋里放 6 个红球和 1 个黄球,每次任意摸出一个球,摸出后放回,一共摸 30 次. 摸到红球的次数多算小明赢,摸到黄球的次数多算小玲赢. 问:谁赢的可能性大一些? 这个游戏规则公平吗? 怎样放球才公平?

一、游戏中的公平性

大家有没有注意到在乒乓球、排球等体育比赛中,如何确定由哪一方先发球? 你觉得那些方法对比赛双方公平吗?

体育比赛中决定发球权的方法应该保证比赛双方先发球的概率相等,这样才是公平的. 常用的方法是:裁判员拿出一个抽签器,它是一个像大硬币似的均匀塑料圆板,一面是红圈,一面是绿圈,然后随意指定一名运动员,要他猜上抛的抽签器落到球台上时,是红圈那面朝上,还是绿圈那面朝上,如果他猜对了,就由他发球,否则由另一方先发球.这样做体现了公平性.当抽签器上抛后,红圈朝上与绿圈朝上的概率都是 0.5,因此任何一名运动员猜中的概率都是 0.5,也就是每个运动员取得发球权的概率均为 0.5,所以这个规则是公平的.

二、彩票问题

有同学认为,如果某种彩票的中奖概率为 1/10 000,那么买 10 000 张这种彩票一定能中奖.(假设该彩票有足够多的张数.)

这种想法是错误的.买 10 000 张彩票相当于做 10 000 次试验,因为每次试验的结果都是随机的,所以做 10 000 次的结果也是随机的.虽然中奖张数是随机的,但这种随机性中具有规律性.随着试验次数的增加,即随着买的彩票张数的增加,大约有 1/10 000 的彩票中奖.

三、概率与预报

某地气象局预报说,明天本地降水概率是 70%,你认为下面两个解释中哪个能代表气象局的观点?

1)明天本地有 70% 的区域下雨,30% 的区域不下雨.

2)明天本地下雨的机会是 70%.

生活中,我们经常听到这样的议论:"天气预报说昨天降水概率为 90%,结果根本一点雨都没下,天气预报也太不准确了",学了概率后,你能给出解释吗?

解析:天气预报的"降水"是一个随机事件,概率为 90% 指明了"降水"这个随机事件发生的概率,我们知道在一次试验中,概率为 90% 的事件也可能不出现,因此"昨天没有下雨"并不说明"昨天的降水概率为 90%"的天气预报是错误的.降水概率的大小只能说明降水可能性的大小,概率值越大只能表示在一次试验中发生的可能性越大.在一次试验中"降水"这个事件是否发生仍然是随机的.

桌上有 10 张卡片,上面分别写着 1 到 10 各个数,如果抽到 2 的倍数就赢,否则就输,这个游戏公平吗?

解析:1 到 10 各个数中,2 的倍数有 2、4、6、8、10 五个数,所以抽到 2 的倍数的可能性(概率)是 5/10,抽到不是 2 的倍数的可能性(概率)也是 5/10,所以这个游戏是公平的.

1. 解释下列概率的含义:

(1)某厂生产产品合格的概率为 0.9;

(2)一次抽奖活动中,中奖的概率为 0.2.

2. "一个骰子掷一次得到 2 的概率是 1/6,这说明一个骰子掷 6 次会出现一次 2",这种说法对吗? 说说你的理由.

3. 某医院治疗某种疾病的治愈率为 1‰. 在 2012 年医院收治的 398 个病人中,无一治愈,那么 2013 年该医院收治的第一个病人可能被治愈吗?

4. 利用简单随机抽样的方法抽查了某校 200 名学生,其中戴眼镜的同学有 123 人,若在这个学校随机调查一名学生,则他戴眼镜的概率是多少?

5. 下列说法正确的是(   ).

A. 由生物学知道生男生女的概率均为 1/2,一对夫妇生两个孩子,则一定为一男一女

B. 一次摸奖活动中,中奖概率为 1/5,则摸 5 张票,一定有一张中奖

C. 10 张票中有 1 张奖票,10 人去摸,谁先摸则谁摸到的可能性大

D. 10 张票中有 1 张奖票,10 人去摸,无论谁先摸,摸到奖票的概率都是 1/10

6. 一位保险推销员对人们说:"人有可能得病,也有可能不得病,因此得病与不得病的概率各占 50%."他的说法正确吗? 为什么?

15.3　概率的基本性质

在某次考试成绩中(满分为 100 分),可以出现下面许多事件,例如:

$A_1 = \{$大于 70 分,小于 80 分$\}$,$A_2 = \{$70 分以上$\}$,$B_1 = \{$不及格$\}$,$B_2 = \{$60 分以下$\}$,$C_1 = \{$90 分以上$\}$,$C_2 = \{$95 分以上$\}$,$C_3 = \{$大于 90 分,小于或等于 95 分$\}$,$D_1 = \{$大于 60 分,小于 80 分$\}$,$D_2 = \{$大于 70 分,小于 90 分$\}$,$D_3 = \{$大于 70 分,小于 80 分$\}$,……

你能写出这次成绩中出现的其他一些事件吗? 类比集合与集合的关系、运算,你能发现它们之间的关系与运算吗?

一、事件的关系

(1)包含关系

如果事件 A_1 发生,则事件 A_2 一定发生,这时我们说事件 A_1 包含事件 A_2,记作 $A_1 \subseteq A_2$.

定义:如果当事件 A 发生时,事件 B 一定发生,则称事件 B 包含事件 A(或称事件 A 包含于事件 B),记作 $B \supseteq A$(或 $A \subseteq B$),如图 15-1 所示. 不可能事件记作 ∅,任何事件都包含不可能事件.

(2)相等关系

如果事件 B_1 发生,那么事件 B_2 一定发生,反过来也对,这时我们说这两个事件相等,记作 $B_1 = B_2$.

定义:若 $B \supseteq A$,且 $A \subseteq B$,则称事件 A 与事件 B 相等,记作 $A = B$.

（3）和事件

定义：当且仅当事件 A 发生或事件 B 发生时，事件 C 发生，则称事件 C 为事件 A 与事件 B 的并事件（或和事件），记作 $C = A \cup B$（或 $A + B$）.

例如，在上面的考试成绩中，事件 $C_1 \cup C_2$ 表示的是事件 C_3 发生，即 $C_1 \cup C_2 = C_3$.

（4）积事件

定义：当且仅当事件 A 发生且事件 B 发生时，事件 C 发生，则称事件 C 为事件 A 与事件 B 的交事件（或积事件），记作 $C = A \cap B$（或 AB），如图 15 - 2 所示.

例如，在上面的考试成绩中，事件 $D_1 \cap D_2 = D_3$.

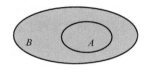

图 15 - 1

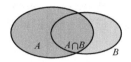

图 15 - 2

（5）不可能事件

定义：两个集合的交可能为空集，两个事件的交事件也可能为不可能事件，即 $A \cap B = \varnothing$，此时称事件 A 与事件 B 互斥，其含义是事件 A 与事件 B 在任何一次试验中不会同时发生，如图 15 - 3 所示.

例如，在上面的考试成绩中，事件 A_2 与事件 B_1 互斥.

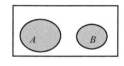

图 15 - 3

（6）对立事件

定义：若 $A \cap B$ 为不可能事件，$A \cup B$ 为必然事件，则称事件 A 与事件 B 互为对立事件，其含义是事件 A 与事件 B 在任何一次试验中有且只有一个发生.

【思考】若事件 A 与事件 B 相互对立，那么事件 A 与事件 B 互斥吗？反之，若事件 A 与事件 B 互斥，那么事件 A 与事件 B 相互对立吗？

二、概率的运算性质

1）由于事件的频数总是小于或等于试验的次数，所以频率在 $0 \sim 1$ 之间，从而任何事件的概率在 $0 \sim 1$ 之间，即

$$0 \leqslant P(A) \leqslant 1.$$

2）在每次试验中，必然事件一定发生，因此它的频率为 1，从而必然事件的概率为 1；在每次试验中，不可能事件一定不出现，因此它的频率为 0，从而不可能事件的概率为 0.

3）若事件 A 与事件 B 互斥，则 $A \cup B$ 发生的频数等于事件 A 发生的频数与事件 B 发生的频数之和，从而 $A \cup B$ 的频率 $f_n(A \cup B) = f_n(A) + f_n(B)$.

由此得到概率的加法公式

$$P(A \cup B) = P(A) + P(B).$$

4）若事件 A 与事件 B 互为对立事件，则 $P(A) + P(B) = 1.$

例 1　一个射手进行一次射击，试判断下列事件哪些是互斥事件？哪些是对立事件？

事件 A：命中环数大于 7 环.

事件 B：命中环数为 10 环.

事件 C：命中环数小于 6 环.

事件 D：命中环数为 6、7、8、9、10 环.

解：A 与 C 互斥（不可能同时发生），B 与 C 互斥，C 与 D 互斥，C 与 D 是对立事件（至少一个发生）.

例 2 袋中有 12 个小球，分别为红球、黑球、黄球、绿球，从中任取一个球，得到红球的概率为 1/3，得到黑球或黄球的概率为 5/12，得到黄球或绿球的概率也是 5/12，试求得到黑球、得到黄球、得到绿球的概率各是多少？

解：从袋中任取一球，记事件"得到红球""得到黑球""得到黄球""得到绿球"为 A、B、C、D.

则有

$$P(B \cup C) = P(B) + P(C) = \frac{5}{12},$$

$$P(C \cup D) = P(C) + P(D) = \frac{5}{12},$$

$$P(B \cup C \cup D) = 1 - P(A) = \frac{2}{3}.$$

解得

$$P(B) = \frac{1}{4}, P(C) = \frac{1}{6}, P(D) = \frac{1}{4}.$$

答：得到黑球、得到黄球、得到绿球的概率分别是 $\frac{1}{4}$，$\frac{1}{6}$，$\frac{1}{4}$.

习题演练

1. 一个人打靶时连续射击两次，事件"至少有一次中靶"的互斥事件是（   ）.

A. 至多有一次中靶　B. 两次都中靶　C. 只有一次中靶　D. 两次都不中靶

2. 从一堆产品（其中正品与次品都多于 2 件）中任取 2 件，观察正品件数与次品件数，判断下列每个事件是不是互斥事件，如果是，再判断它们是不是对立事件.

（1）恰好有 1 件次品和恰好有 2 件次品.

（2）至少有 1 件次品和全是次品.

（3）至少有 1 件正品和至少有 1 件次品.

（4）至少有 1 件次品和全是正品.

3. 判断下面给出的每对事件是否是互斥事件或互为对立事件. 从 40 张扑克牌（四种花色从 1～10 各 10 张）中任取一张.

（1）"抽出红桃"和"抽出黑桃".

（2）"抽出红色牌"和"抽出黑色牌".

（3）"抽出的牌点数为 5 的倍数"和"抽出的牌点数大于 9".

4. 从装有两个红球和两个黑球的口袋里任取两个球，那么互斥而不对立的两个事件是

（　　）.

　　A. 至少有一个黑球与都是黑球

　　B. 至少有一个黑球与至少有一个红球

　　C. 恰好有一个黑球与恰好有两个黑球

　　D. 至少有一个黑球与都是红球

　　5. 把红、蓝、黑、白 4 张纸牌随机分给甲、乙、丙、丁 4 个人，每个分得一张，事件 A"甲分得红牌"与事件 B"乙分得红牌"是（　　）.

　　A. 对立事件

　　B. 互斥但不对立事件

　　C. 不可能事件

　　D. 以上都不对

15.4　等可能性事件的概率

　　某种银行卡的密码是一个六位数字号码，每位上的数字可在 0 到 9 这 10 个数字中选取．如果一个人完全忘记了自己的密码，那么他到自动取款机上随机试一次密码就能取到钱的概率是多少？如果只是未记准密码的最后一位数字，那么他随机试一次密码的最后一位数字，正好按对密码的概率是多少？

　　随机事件的概率，一般可以通过大量重复试验求得其近似值．但对于某些随机事件，也可以不通过重复试验，而只通过对一次试验中可能出现的结果的分析来计算其概率．

　　我们来做下面几个试验．

　　投掷一枚均匀的硬币．它要么出现正面，要么出现反面，出现这两种结果的可能性是相等的．因此，可以认为出现正面的概率是 1/2，出现反面的概率也是 1/2，这和大量重复试验的结果是一致的．

　　投掷两枚均匀的硬币，这两枚硬币落下后，出现四种结果，即正正、反正、正反、反反，它们出现的可能性是相等的．

　　投掷三枚均匀的硬币，这些硬币落下后，出现八种结果，即正正正、正正反、正反正、正反反、反正正、反正反、反反正、反反反，它们出现的可能性是相等的．

　　这种在一次试验中发生的可能性相等的事件，称为等可能性事件．将每一种事件称为基本事件．

　　基本事件有如下特点：

　　1）试验中所有可能出现的基本事件只有有限个，且任何两个基本事件是互斥的；

　　2）任何事件（除不可能事件）都可以表示成基本事件的和．

【想一想】等可能事件的概率如何计算？

我们先来分析投掷两枚硬币的试验，一共有四个基本事件，两枚都出现正面的事件只有一个，所以投掷两枚硬币时出现两个正面的概率是 1/4；而一枚出现正面、一枚出现反面的事件则有两个，所以投掷两枚硬币时出现一枚正面、一枚反面的概率是 2/4＝1/2.

对于第三个试验，一共有八个基本事件，出现两枚正面的事件有三个，所以投掷三枚硬币时出现两枚正面的概率是 3/8.

一般地，如果一次试验中共有 n 个等可能的基本事件，其中事件 A 包含的等可能基本事件有 m 个，那么事件 A 的概率是 $P(A) = m/n$.

 **案例分析**

例 袋内有 5 个白球和 3 个黑球，从中任意取出两个球，取出的两个球都是白球的概率是多少？

分析：为了区别相同颜色的球，设白球为 A, B, C, D, E，黑球为 P, Q, R，那么从这 8 个球中任取 2 个球的方法有 C_8^2 种．在这些取法中，如 (A, B)，(A, C) 所含的球，虽然都是（白，白），可是它们在球的组合上是不同的，所以取法不相同．这就是说，这 C_8^2 种取法，可以认为任何两种都不是重复的，它们又是等可能的．所以，计算出"从中任意取出两个球"这一试验的所有等可能的基本事件数和"取出的两个球都是白球"这一事件包含的基本事件数，就可求出这一事件的概率．

解：8 个球中任取 2 个的方法共有 C_8^2 种，由于是任意抽取，这些事件出现的可能性都相等，而取出的两个球都是白球的基本事件有 C_5^2 种，故所求的概率

$$P = \frac{C_5^2}{C_8^2} = \frac{5}{14}.$$

答：取出的两个球都是白球的概率是 $\frac{5}{14}$．

 **习题演练**

1. 在一次问题抢答的游戏中，要求找出对每个问题所列出的 4 个答案中唯一正确的答案．某抢答者随意说出了其中一个问题的答案，这个答案恰好是正确答案的概率为（ ）．

2. 从含有 4 个次品的 1 000 个螺钉中任取一个，它是次品的概率为（ ）．

3. 在第 1，3，5，8 路公共汽车都要停靠的一个站（假定这个站只能停靠一辆汽车），有一位乘客等候着第 1 路或第 3 路汽车．假定各路汽车首先到站的可能性相等，那么首先到站的正好为这位乘客所要坐的汽车的概率是多少？

4. 一个均匀材料做的正方体玩具，各个面上分别标以数字 1，2，3，4，5，6.

(1) 将这个玩具抛掷 1 次，朝上的一面出现奇数的概率是多少？

(2) 将这个玩具抛掷 2 次，朝上的一面的数字之和为 7 的概率是多少？

我们回头看"情境再现"中的问题,由于银行卡的密码是一个六位数字号码,且每位上的数字有从 0 到 9 这 10 种取法,根据乘法原理,这种号码共有 10^6 个. 又由于是随意按下一个六位数字号码,按下其中哪一个号码的可能性都相等,可知正好按对这张银行卡密码的概率为

$$P_1 = \frac{1}{10^6}.$$

如果按六位数字号码的最后一位数字,有 10 种按法. 由于最后一位数字是随意按下的,按下其中各个数字的可能性相等,可知按下的正好是密码的最后一位数字的概率

$$P_2 = \frac{1}{10}.$$

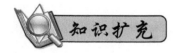

一、互斥事件的概率

如果事件 A 与事件 B 是互斥事件,那么事件"$A+B$"发生(即 A,B 中至少有一个发生)的概率,等于事件 A,B 分别发生的概率的和. 即

$$P(A+B) = P(A) + P(B).$$

如果事件 $A_1, A_2, \cdots, A_n$ 彼此互斥,那么事件"$A_1 + A_2 + \cdots + A_n$"发生(即 $A_1, A_2, \cdots, A_n$ 至少有一个发生)的概率,等于这 n 个事件分别发生的概率的和. 即

$$P(A_1 + A_2 + \cdots + A_n) = P(A_1) + P(A_2) + \cdots + P(A_n).$$

例如,在正常情况下,某工厂的产品中,出现二级品的概率是 7%,出现三级品的概率是 3%,其余都是一级品,则出现非一级品的概率就是 7% + 3% = 10%.

二、对立事件的概率

如果事件 A 与事件 B 是对立事件,根据对立事件的意义,$A+B$ 是一个必然事件,它发生的概率等于 1,又由于 A 与 B 互斥,我们可以得到

$$P(A) + P(B) = P(A+B) = 1.$$

例如,一个事件发生的概率是 0.25,这个事件不发生的概率就是 1 − 0.25 = 0.75.

三、相互独立事件同时发生的概率

如果事件 A(或 B)是否发生对事件 B(或 A)发生的概率没有影响,则这样的两个事件叫作相互独立事件.

两个相互独立事件同时发生的概率,等于每个事件发生的概率的积. 即

$$P(A \cdot B) = P(A) \cdot P(B).$$

例如,甲袋里有 6 个白球、4 个黑球,乙袋里有 3 个白球、5 个黑球,从这两个袋里分别摸

出 1 个球,它们都是白球的概率是多少?

对于上面的问题,我们把"从甲袋里摸出 1 个球,得到白球"作为事件 A,把"从乙袋里摸出 1 个球,得到白球"记作事件 B,那么事件 A 与事件 B 就是相互独立事件,两个袋里摸出的都是白球的概率就是

$$P(A \cdot B) = P(A) \cdot P(B) = \frac{6}{10} \cdot \frac{3}{8} = \frac{9}{40}.$$

一般地,如果事件 $A_1, A_2, \cdots, A_n$ 相互独立,那么这 n 个事件同时发生的概率,等于每个事件发生的概率的积. 即

$$P(A_1 \cdot A_2 \cdot \cdots \cdot A_n) = P(A_1) \cdot P(A_2) \cdot \cdots \cdot P(A_n).$$

本 章 小 结

一、本章知识结构图

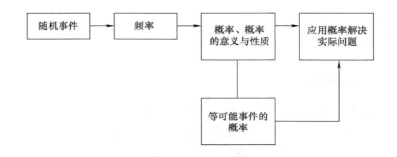

二、回顾与思考

1. 请举例说明什么是随机事件? 在现实中,很多结果的出现受众多随机因素的影响,由于对这些因素难以掌握或缺乏了解,因此在试验前我们不能确定会出现哪个结果,这样就产生了随机现象,也就有了随机事件.

2. 随机事件的概率为什么要在大量重复试验中寻找规律性? 你能举几个在生活中利用概率的例子吗?

3. 事件发生的概率与事件发生的频率有什么联系和区别? 频率是概率的近似值. 随着试验次数的增加,频率会越来越接近概率. 频率本身也是随机的,做几次同样的试验,可能会得到不同的结果;而概率是一个确定的数,与每次试验无关.

4. 利用等可能事件可以求一些随机事件的概率.

(1)等可能事件有哪些特征?

(2)等可能事件的概率公式是什么?

复 习 题

1. 一个均匀的正方体玩具的各个面上分别标有数字 1,2,3,4,5,6. 将这个玩具先后抛掷两次,计算:

(1)一共有多少种不同的结果;

（2）其中向上的数字之和是 5 的结果有多少种；

（3）向上的数字之和是 5 的概率是多少？

2. 有 10 件产品，其中有 2 件次品，从中随机抽取 3 件，求：

（1）其中恰有 1 件次品的概率；

（2）至少有 1 件次品的概率.

3. 有五条线段，其长度各为 1,3,5,7,9 个单位长度，从中任取三条线段，求能构成一个三角形的概率.

4. 口袋里装有 2 个白球和 2 个黑球，这 4 个球除颜色外完全相同，4 个人按顺序依次从中摸出一球，试计算第二个人摸到白球的概率.

5. 在一副扑克牌中随机地抽取三张，恰好是红桃 A,2,3 的概率是多少？

6. 盒子里共有大小相同的 3 只白球和 1 只黑球，若从中随机摸出两只球，它们颜色不同的概率是多少？

7. 某班有男生 10 人、女生 30 人，先从中随机选出 14 人参加摄影课外兴趣小组，判断其结果是否是随机现象，并据此列出一些不可能事件、必然事件、随机事件.

卡尔达诺于 1501 年出生在意大利的帕维亚,在文艺复兴时期是一位举足轻重的数学家,也是一位典型的人文主义者,除了数学他也专注于收集、组织、研究、评论希腊和罗马的成果.

卡尔达诺有个不幸的童年,在 40 岁之前,他穷得一无所有. 他个性孤僻、自负、缺乏幽默感、不能自我反省,并且往往在言谈中表现得冷漠无情. 他为了逃避穷困、病痛、毁谤和不公平的待遇,曾在 25 年之中,每天玩骰子,并天天玩棋达 40 年之久. 青年时代,他致力于研究数学、物理. 从帕维亚大学医学院毕业后,在波隆纳和米兰行医并教授他人医术,成为全欧有名的医生. 这期间,他也受聘于意大利的多所大学,举办数学讲座. 1570 年,因丢掷耶稣的天宫图,被视为异教徒,而被捕入狱. 不过,令人称其奇的是,主教随即以占星术士来聘用他.

卡尔达诺的著作涵盖了数学、天文学、占星学、物理学、医学以及关于道德. 借着辛勤的耕耘,他将古世纪、中世纪以及当代所能搜集到的数学知识,编成百科全书的形式. 他更将自己珍爱、偏好的数论和代数理论结合在一起.

1545 年,他出版的著作《大术》,在代数学上具有相当重要的地位. 书中首次出现使用符号的雏形,并对三次及四次方程式提出了系统性的解法,这是一个非常重要的成就.

卡尔达诺在代数学上的另一个贡献,是认真地引入了虚数,并接受虚数是方程式的根. 虚数的出现,是数学史上一件大事. 虚数和原有的实数统称为复数系. 根据代数基本定理,在复数系里任何多项式必有根,而且 n 次多项式恰有 n 个根,这就解决了根的存在性问题. 要解出方程式的根,在复数系中便可迎刃而解了.

除了在代数学上的重要成就,卡尔达诺在概率论这门学科上,也扮演了奠基的工作. 例如在其《博奕论》(1663 年出版)一书中,他已经计算了投掷两颗或三颗骰子时,在可能方法里,有多少方法是得到某一点数,这可以说是,概率论发展的一个滥觞.

第16章 统 计

　　数字化时代已经到来,我们每天都在与数据打交道.例如:人口增长率的研究,粮食产量的研究,交通状况的研究,体育项目成绩的研究,电视剧的收视率等.你知道这些数据是怎么来的吗?实际上它们是通过调查获得的.怎样调查呢?这就需要用到统计知识.统计是一门与数据打交道的学问,研究怎样搜集、整理、计算和分析数据,然后找出某些规律.用样本估计总体是统计的基本思想.当所要考察的总体的个数很多或者考察本身带有破坏性时,我们常常通过用样本估计总体的方法来了解总体.

　　通过本章的学习,我们将学会从总体中抽取样本的方法,学会如何表示样本数据,学会怎样从样本数据中提取有意义的基本信息来推断总体的情况.同时,也让我们学会用数学的眼光认识世界,并能用数学知识和数学方法处理周围的问题,从而提高我们的数学素养.

16.1 统 计 调 查

　　作为一名幼儿园教师,如果想了解班上幼儿对苹果、桔子、香蕉等各类水果的喜爱情况,

你该怎样做?

显然,我们要进行调查研究,通过明确调查问题、确定调查对象、选择调查方式、收集调查数据、进行数据整理、得出调查结论六个步骤来完成. 这就是统计调查.

一、统计的概念

(1)定义

在生活、生产和科学研究中,人们经常需要把同一范围内的若干事物,进行计算比较,以分析该事物的现象特征,称为统计.

统计学是数学的一个重要分支,是收集、分析数据并根据它获得总体信息的学科.

(2)数据

进行各种统计、计算、科学研究或技术设计等所依据的数值叫作数据. 我们把没有经过处理、反映客观数量大小的数据叫作原始数据. 把收集到的原始材料和数据按一定的要求进行分类、整理,就叫作数据处理.

(3)调查

为考察和研究某一对象,而收集有关数据,这就需要进行调查. 调查分为全面调查和部分调查.

全面调查又叫普查,是为了某种特定的目的而专门组织的一次性的调查. 对统计总体的全部对象进行调查以搜集统计资料的工作. 全面调查资料常被用来说明现象在一定时点上的全面情况. 如人口普查就是对全国人口——进行调查登记的全面调查.

部分调查也叫抽样调查,是指对考察和研究对象的一部分进行的调查. 抽样调查分为随机抽样调查、系统抽样调查、分层抽样调查等几大类,我们在后面的学习中再具体阐述.

在抽样调查中有以下几个概念要掌握.

1)总体:将考察的对象的全体叫作总体.

2)个体:把组成总体的每一个考察对象叫作个体.

3)样本:为推断总体分布及各种特征,按一定规则从总体中抽取若干个体进行观察试验以获得有关总体的信息,这一抽取过程称为抽样,所抽取的部分个体称为样本.

4)样本容量:样本中个体的数量叫作样本容量.

某市为了分析全市 9 800 名初中毕业生的数学考试成绩,共抽取 50 本试卷,每本都是 30 份,则样本容量是(   ).

A. 30   B. 50   C. 1 500   D. 9 800

答案是 C. 样本容量是样本个体的数量,每本 30 份,共 50 本,所以是 1 500 本. 答案 A 和 B 错在未理解样本容量的意义,答案 D 是总体中个体的数量.

1. 为了解我市市区及周边近 170 万人的出行情况,以科学规划轨道交通,2010 年 5 月 400 名调查者走入 1 万户家庭,发放 3 万份问卷,进行调查登记. 该调查中的样本容量是( ).

　　　　A. 170 万　　　　　　B. 400　　　　　　C. 1 万　　　　　D. 3 万

2. 要了解一批电视机的使用寿命,从中任意抽取 40 台电视机进行试验,在这个问题中,40 是( ).

　　　　A. 个体　　　　　B. 总体　　　　　C. 样本容量　　　　D. 总体的一个样本

3. 为了解我市参加中考的 15 000 名学生的视力情况,对 15 000 名学生的视力进行了统计分析,下面四个判断正确的是( ).

　　　　A. 15 000 名学生是总体

　　　　B. 1 000 名学生的视力是总体的一个样本

　　　　C. 每名学生是总体的一个个体

　　　　D. 以上调查是普查

4. 为了解我市小学六年级 20 000 名学生的身高,从中抽取了 500 名学生,对其身高进行统计分析,以下说法正确的是( ).

　　　　A. 20 000 名学生是总体　　　　　　B. 每个学生是个体

　　　　C. 500 名学生是抽取的一个样本　　　D. 每个学生的身高是个体

学习了本节课的知识,请你解决上面"情境再现"中的问题.

16.2　抽样方法

随着电脑、手机等各种电子产品走入人们的生活,幼儿的视力也受到很大的影响,若要了解本市 35 000 名幼儿的视力状况,如果在同一时期对每一位孩子都进行视力检查,那将浪费大量的人力和物力,有没有更好的方法解决这一问题呢?

为了回答上面的问题,我们必须收集相关数据,从总体中收集部分个体的数据来得出结论,也就是要通过样本去推断总体.

请你就上面情境中的问题分析总体、个体和样本.

一、简单随机抽样

从个体数为 N 的总体中不重复地取出 k 个个体（$k < N$），每个个体都有相同的机会被取到，这样的抽样方法称为简单随机抽样．它有下列特点：

1）它要求被抽取样本的总体的个体数有限；

2）它是从总体中逐个进行抽取；

3）它是一种不放回抽样；

4）它是一种等概率抽样．

常用的简单随机抽样方法有两种：抽签法和随机数表法．

（1）抽签法

一般地，用抽签法从个体个数为 N 的总体中抽取一个容量为 $n(n < N)$ 的样本的步骤如下：

1）将总体中的 N 个个体编号；

2）将这 N 个号码写在形状、大小相同的号签上；

3）将号签放在同一箱中，并均匀混合；

4）从箱中每次抽取 1 个号签（不放回），连续抽取 n 次；

5）将总体中与抽取的号签的编号一致的 n 个个体取出．

这样就得到一个容量为 n 的样本．

（2）随机数表法

用随机数表抽取样本的步骤如下：

1）对总体中的个体进行编号（每个号码位数一致）；

2）在随机数表中任选一个数作为开始；

3）从选定的数开始按一定的方向读下去，若得到的数码在编号中则取出，若得到的号码不在编号中或前面已经取出，则跳过；如此继续下去，直到取满为止．

4）根据选定的号码抽取样本．

从本班 50 名幼儿中抽取 10 名学生参加全市庆"六一"亲子活动，用随机数表法获取步骤是什么？

（1）对 50 个同学编号，号码依次为 01，02，03，…，50．

（2）在随机数表中随机地确定一个数作为开始，如从第 8 行第 29 列的数 7 开始．

（3）从数 7 开始向右读下去，每次读两位，凡不在 01 到 50 中的数跳过不读，遇到已经读过的数也跳过去，便可依次得到 12，07，44，39，38，33，21，34，29，42．这 10 个号码，就是所要抽取的容量为 10 的样本．

1. 在简单随机抽样中，某一个个体被抽到的可能性（　　）．

A. 与第 n 次有关,第一次可能性最大

B. 与第 n 次有关,第一次可能性最小

C. 与第 n 次无关,与抽取的第 n 个样本有关

D. 与第 n 次无关,每次可能性相等

2. 为了了解上学期一年级数学期末考试中 1 000 名学生的成绩,从中抽取一个容量为 100 的样本,则每个个体被抽到的概率是_____.

二、系统抽样

可将总体平均分成几个部分,然后按照预先定出的规则,从每个部分中抽取一个个体,得到所需的样本,这样的抽样方法称为系统抽样.

学校为了了解一年级学生对教师教学的意见,打算从一年级 600 名学生中抽取 60 名进行调查,请你用系统抽样的方法获取样本.

解析:首先将这 600 名学生从 1 开始进行编号,然后按号码顺序以一定的间隔进行抽取.由于 $600 \div 60 = 10$,所以抽取的两个相邻号码之差可定为 10,即从 1~10 中随机抽取一个号码,例如抽到的是 4 号,每次增加 10,得到

$$4, 14, 24, 34, 44, 54, \cdots, 594.$$

这样我们就得到一个容量为 60 的样本.

1. 要从已编号(1~50)的 50 枚最新研制的某型号导弹中随机抽取 5 枚来进行发射试验,用每部分选取的号码间隔一样的系统抽样方法,确定所选取的 5 枚导弹的编号可能是( ).

　　A. 5、10、15、20、25　　　　　　B. 3、13、23、33、43

　　C. 1、2、3、4、5　　　　　　　　D. 2、4、8、16、22

2. 为了解 1 200 名学生对学校某项教改实验的意见,打算从中抽取一个容量为 30 的样本,考虑采用系统抽样,则分段间隔为( ).

　　A. 40　　　　B. 30　　　　C. 20　　　　D. 12

三、分层抽样

一般地,在抽样时将总体分成互不交叉的层,然后按一定的比例,从各层次独立地抽取一定数量的个体,将各层次取出的个体合在一起作为样本,这种抽样方法是一种分层抽样.

分层抽样的步骤如下:

1)按总体与样本容量确定抽取的比例;

2)由分层情况,确定各层抽取的样本数;

3)各层的抽取数之和应等于样本容量;

4）对于不能取整的数,求其近似值.

分层抽样适用于总体由差异明显的几部分组成的情况,每一部分称为层,在每一层中实行简单随机抽样. 分层抽样中分多少层,要视具体情况而定. 总的原则是:层内样本的差异要小,而层与层之间的差异尽可能大,否则将失去分层的意义.

学校一、二、三年级分别有学生 1 000,900,600 名,为了了解学生对所开设选修课的情况,从中抽取容量为 100 名的样本,怎样获取?

分析:为准确反映客观实际,不仅要使每个个体被抽到的机会相等,而且要注意总体中个体的层次性. 因此,可以将总体按年级分为三个部分,然后按照各部分所占的比例进行抽样,因为样本容量与总体的个体数之比为 100:2 500 = 1:25,所以应抽取一年级学生 $\frac{1}{25}$ × 1 000 = 40 名,二年级学生 $\frac{1}{25}$ × 900 = 36 名,三年级学生 $\frac{1}{25}$ × 600 = 24 名.

某地区有 500 万电视观众,想了解他们对新闻、体育、动画、娱乐、戏曲五类电视节目的喜爱情况,你会怎样做?

16.3 统计表与统计图

为了解本市 35 000 名幼儿的视力状况,假设你用分层抽样的方法形成了一个容量为 350 的样本,对于样本中的 350 份数据,你用什么办法从中寻找所包含的信息呢?

为了从杂乱无章的样本数据中寻找有效信息,我们往往通过图、表和计算来分析数据,帮助我们找出数据中的规律,使数据所包含的信息转化成直观的容易理解的形式. 在此基础上,我们就可以对总体作出相应的估计了.

一、数据的分组整理

将一组数据分成若干个数段,每个分数段是一个"组区间",分数段两端的数值是"组限",在一组两端数值中最大的数值为上限,最小的数值为下限,分数段的最大值与最小值的差为"组距",分数段的个数是"组数".

二、频数、频率、频率分布表、频率分布图

（1）频数

落在各个小组内的数据的个数是这一小组的频数.（每个分数段的分数的个数）

（2）频率

每个小组的频数与数据总数的比值叫作这一小组的频率.

计算公式

$$频率 = 这组的频数 \div 数据的总个数.$$

（3）极差

最大值与最小值的差,又称为全距.　组数 $= \dfrac{极差}{组距}.$

（4）频率分布表

当总体很大或不便于获得时,可以用样本的频率分布估计总体的频率分布.我们把反映总体频率分布的表格称为频率分布表.

一般地,编制频率分布表的步骤如下：

1）求全距,决定组数和组距,组距 = 全距÷组数;

2）分组,一般对一组内数值所在区间取左闭右开,最后一组取闭区间;

3）登记频数,计算频率,列出频率分布表.

（5）频数分布直方图

根据所列频数分布表,以每小组的组距为宽,频数为高,画出各小组的频数条形图,从而画出频数分布直方图.

【注意】单位、连续性、科学性与美观兼顾.

频数分布直方图的意义:直观表示了一组数据在各小组分布的多少.

从某校一年级的 1 000 名女生中用系统抽样的方法抽取一个容量为 70 的身高样本,数据如下（单位:cm）.试作出该样本的样本频率分布表和分布图.

167	154	159	166	169	159	156	166	162	158
159	156	166	160	164	160	157	156	157	161
160	156	166	160	164	160	157	156	157	161
158	158	153	158	164	158	163	158	153	157
162	162	159	154	165	166	157	151	146	151
158	160	165	158	163	163	162	161	154	165
162	162	159	157	159	149	164	168	159	153

解析:（1）求极差.

极差 = 最大值 − 最小值 = 169 − 146 = 23.

（2）分组.

组数 $= \dfrac{极差}{组距} = \dfrac{23}{3} = 7\dfrac{2}{3} \Rightarrow 8.$

（3）决定分点

［146,149）　［149,152）　［152,155）　［155,158）　［158,161）

［161,164）　［164,167）　［167,170）

（4）列频率分布表．

分组	频数	频率	频率/组距
［146,149）	2	0.028571	0.009524
［149,152）	2	0.028571	0.009524
［152,155）	6	0.085714	0.028571
［155,158）	20	0.0285714	0.095238
［158,161）	16	0.228571	0.07619
［161,164）	13	0.185714	0.061905
［164,167）	9	0.128571	0.042875
［167,170）	2	0.028571	0.009524

（5）绘制频率分布直方图．

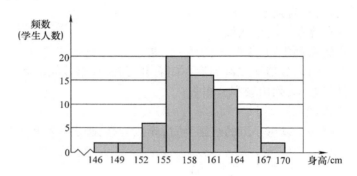

通过绘制图表，可以从数据中提取信息；可以利用图形传递信息；图表是通过改变数据的形式，提供研究数据的新方式．

1. 在用样本频率估计总体分布的过程中，下列正确的是（　　　）．

A. 总体容量越大，估计越精确　　　　B. 总体容量越小，估计越精确

C. 样本容量越大，估计越精确　　　　D. 样本容量越小，估计越精确

2. 一个容量为 n 的样本分成若干组，已知某组的频数和频率分别为30和0.25，则 $n =$ ＿＿＿．

3. 已知样本 7,10,14,8,7,12,11,10,8,10,13,10,8,11,8,9,12,9,13,12，那么这组数据落在 8.5～11.5 内的频率为＿＿＿＿＿＿．

4. 将一个容量为 100 的样本数据，按照从小到大的顺序分为 8 个组，如下表，并且知道第 6 组的频率是第 3 组频率的两倍，问第 6 组的频率是多少？

组号	1	2	3	4	5	6	7	8
频数	10	16		18	15		11	9

5. 某学校为了参加全省大学生运动会，打算组织 100 名学生组成校运动队，限制每名学生只参加一个运动项目，其中有 13 人报名参加了田径，10 人进入了体操队，11 人选择了

乒乓球队,另外参加足球、篮球和排球的各有 24 人、27 人和 15 人,请列出学生参加各运动队的频率分布表和分布图.

6. 一本书中,分组统计 100 个句子中的字数,得出下列结果句:字数 1～5 个的 15 句,字数 6～10 句的 27 句,字数 11～15 个的 32 句,字数 16～20 个的 15 句,字数 21～25 个的 8 句,字数 26～30 个的 3 句,请作出字数的频率分布表和分布图,并利用组中值对该书中平均每个句子包含的字数作出估计.

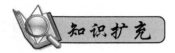

频数分布折线图

把"频数分布直方图"中的每个条形图的上边中点依次连接成折线段,就画成了频数分布折线图. 为了便于观察频数分布折线图两边的变化趋势,有时也用线段连接直方图最左边条形图上边中点和它外边等距区间的中点(条形图外用虚线)及直方图最右边条形图上边中点和它外边等距区间的中点(条形图外用虚线).

频数分布折线图直观的意义:表示了一组数据在各小组分布的变化趋势和整体分布形态.

本 章 小 结

一、本章知识结构

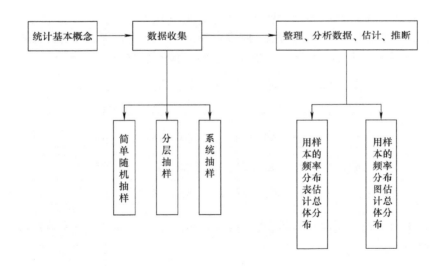

二、回顾与思考

(1)统计与现实生活有非常密切的联系

统计学的主要任务是对现实中的一些随机现象,进行大量的数据收集,通过一定的统计分析来发现随机现象中的规律性. 因此,我们要学会从现实生活中提出有意义的统计问题,形成统计模型.

请你从自已的学习、生活中或将来可能走上的工作岗位中提出一些统计问题.

（2）抽样调查是收集数据的主要方式

本章介绍的三种随机抽样方法,它们的联系与区别是什么? 各自的特点和适用范围是什么?

（3）用样本估计总体是统计的基本思想

在生活和生产中,为了解总体的情况,我们经常采用从总体中抽取样本,通过对样本的数据和结论,再利用样本的结论对总体进行估计. 本章介绍了用样本的频率分布表和分布图估计总体分布这两类估计.

（4）举例说明极差是怎样刻画数据的波动情况的

复 习 题

1. 经调查,某班同学上学所用的交通工具中,自行车占15%,公交车占60%,其他占25%,请画出扇形图描述以上统计数据.

2. 要调查下面几个问题,你认为应该作全面调查还是抽样调查,并说说理由.

（1）了解全班同学每周练钢琴的时间.

（2）调查市场上某种食品的色素含量是否符合国家标准.

（3）鞋厂检测生产的鞋底能承受的弯折次数.

（4）企业招聘,对应聘人员进行面试.

（5）调查某池塘中现有鱼的数量.

3. 指出下列调查中的总体、个体、样本和样本容量.

（1）从一批电视机中抽取20台,调查电视机的使用寿命.

（2）从学校一年级中抽取30名学生,调查学校一年级学生每周用于练舞蹈的时间.

4. 从蔬菜大棚中收集到50珠西红柿秧上小西红柿的个数:

28	62	54	29	32	47	68	27	55	43
36	79	46	54	25	84	15	89	62	32
51	26	45	65	23	54	64	76	36	52
82	56	45	59	91	67	52	57	70	68
54	71	29	69	48	59	51	52	52	67

请按组距为10将数据分组,列出频数分布表,画出频数分布直方图和频数折线图,分析数据分布的情况.

5. 某校学生来自甲、乙、丙三个地区,其人数比为2:7:3,如图所示的扇形图表示上述分布情况:

（1）如果来自甲地区的为180人,求这个学校的学生总数;

（2）求各个扇形的圆心角的度数.

朱世杰,是我国元代的一位杰出的数学家.所写的《四元玉鉴》和《算学启蒙》是我国古代数学发展进程中的一个重要的里程碑,是我国古代数学的一份宝贵的遗产.

朱世杰的青少年时代,正值蒙古军灭金之后.但在灭金之前,中都(即今之北京)便于1215 年被成吉思汗攻占.

元世祖忽必烈继汗位之后,于 1264 年(至 1266 年)为便于统治中原地区的人民,迁都燕京(后改称大都,亦即今之北京),到了 13 世纪 60 年代燕京不只是全国的政治中心,而且也是当时全国重要的文化中心,特别是北方的一个文化中心.

忽必烈为了元朝的统治,曾网罗了一大批汉族的知识分子充作智囊团.其中就著名的有王恂(1235—1281)、郭守敬(1231—1316)、李冶(1192—1279)等人,这个智囊团中的人物,对数学和历法都很精通,他们未入朝前曾隐于河北省南部武安紫金山中.

13 世纪中叶,在现在的河北省的南部地区和山西省的南部地区,出现了一个以天元术为代表的数学研究中心.除上述武安紫金山和李冶元氏封龙山外,山西临汾的蒋周,河北蠡县的李文一,河北获鹿的石信道等人都在研究天元术.朱世杰也继承了北方数学的主要成就——天元术,并将其由二元、三元推广至四元方程组的解法.

朱世杰除了接受北方的数学成就之外,他也吸收了南方的数学成就,尤其是各种日用算法、商用算术和通俗化的歌诀等.

在元灭南宋以前,南北之间的交往,特别是学术上的交往几乎是断绝的.南方的数学家对北方的天元术毫无所知,而北方的数学家也很少受到南方的影响.朱世杰曾"周游四方",莫若(古代数学家)序中有"燕山松庭朱先生以数学名家周游湖海二十余年矣.四方之来学者日众,先生遂发明《九章》之妙,以淑后图学,为书三卷……名曰《四元玉鉴》",祖颐后序中亦有"汉卿名世杰,松庭其自号也.周流四方,复游广陵,踵门而学者云集".经过长期的游学、讲学等活动,终于在 1299 年和 1303 年,在扬州刊刻了他的两部数学杰作——《算学启蒙》和《四元玉鉴》.杨辉书中的归除歌诀在朱世杰所著《算学启蒙》中有了进一步的发展.

清朝罗士琳认为:"汉卿在宋元间与秦道古(即秦九韶)、李仁卿可称鼎足而三.道古正负开方,仁卿天元如积,皆足上下千古,汉卿又兼包众有,充类尽量,神而明之,尤超越乎秦、李之上". 清代数学家王鉴也说："朱松庭先生兼秦、李之所长，成一家之著作". 朱世杰全面继承了并创造性地发扬了天元术、正负开方法等秦、李书中所载的数学成就之外，还囊括了杨辉书中的日用、商用、归除歌诀之类与当时社会生活密切相关的各种算法，并作了新的发展.

由此看来，在朱世杰的工作中，不仅有高次方程的解法，所以天元术等为代表的北方数学的成就，也包括了杨辉工作中所体现出来的日用、商用算法以及各种歌诀等南方数学的成就，不仅继承了中国古代数学的光辉遗产，而且又作了创作性的发展. 朱世杰的工作，在一定意义上讲，可以看作是宋元数学的代表，可以看作是古代筹算系统发展的顶峰. 就连西方资产阶级学者们也不能否认这一点，乔治·萨顿说"朱世杰是汉族的，他也是贯穿古今的一位最杰出的数学家"，还说《四元玉鉴》"是中国数学著作中最重要的一部，同时也是中世纪最杰出的数学著作之一". 朱世杰以他自己的杰出著作，把中国古代数学推向更高的境界，为中国古代数学的光辉史册增加了新的篇章，形成了宋代中国数学发展的最高峰.

第 17 章　简易逻辑

无论是我们的学习、工作、生活,都需要具备一定的逻辑知识. 逻辑知识丰富的人,说话、写文章、表达思想时概念清晰、判断准确、推理缜密,并能够运用逻辑思维去分析和解决实际生活和工作中的各种问题,使自发的逻辑思维转变为自觉的逻辑思维,切实提高正确思维和成功交际的能力.

17.1　命　题

17.1.1　命题的概念

一般地,在数学中我们把用语言、符号或式子表达的,可以判断真假的陈述句叫作命题. 其中判断为真的语句叫作真命题,判断为假的语句叫作假命题.

看下面语句:

1) $1 < 3$;

2) 5 是 10 的约数;

3) 0.3 是自然数.

这些语句都是命题. 其中 1)2)是真(成立)的,叫作真命题;3)是假(不成立)的,叫作假命题.

有些语句不能判断其真假,它们不是命题.

0.3 是自然数吗?（不涉及真假)

$x < 0$. (不能判断真假)

例 下列语句中哪些是命题？是真命题还是假命题？

(1)空集是任何集合的子集.

(2)若整数 a 是质数,则 a 是奇数.

(3)指数函数是减函数吗？

(4)若空间中两条直线不相交,则这两条直线平行.

(5) $\sqrt{(-9)^2} = 9$.

(6) $x > 13$.

分析:判断一个语句是不是命题,就是要看它是否符合"是陈述句"和"可以判断真假"这两个条件.

解:上面 6 个语句中,(3)不是陈述句,所以它不是命题;(6)虽然是陈述句,但由于无法判断它的真假,所以它也不是命题;其余 4 个都是陈述句,而且都可以判断真假,所以它们都是命题,其中(1)(5)是真命题,(2)(4)是假命题.

容易看出,例题中的命题(2)(4)具有"若 p,则 q"的形式.在数学中,这种形式的命题是常见的.

通常,我们把这种形式的命题中的 p 叫作命题的条件, q 叫作命题的结论.

1. 指出下列命题中的条件 p 和结论 q:

(1)若整数 a 能被 2 整除,则 a 是偶数;

(2)若四边形是菱形,则它的对角线互相垂直且平分.

2. 将下列命题改写成"若 p,则 q"的形式,并判断真假:

(1)垂直于同一条直线的两条直线平行;

(2)负数的立方是负数;

(3)对顶角相等.

17.1.2 四种命题

知识链接

在初中我们曾经学习过这样两个命题:

1)如果一个四边形的两组对边分别平行,那么这个四边形是平行四边形;

2)如果一个四边形是平行四边形,那么这个四边形的两组对边分别平行.

在这两个命题中,第一个命题的条件是第二个命题的结论,并且第一个命题的结论是第二个命题的条件,我们把这样的两个命题叫作互逆命题.如果把其中的一个命题叫作原命题,那么另一个命题叫作原命题的逆命题.

例如,如果原命题是:

3)如果三角形的三条边都相等,那么这个三角形是等边三角形.

它的逆命题就是:

4)如果三角形是等边三角形,那么这个三角形的三条边都相等.

我们再看下面的两个命题:

5)如果三角形的三条边不相等,那么这个三角形不是等边三角形;

6)如果三角形不是等边三角形,那么这个三角形的三条边不相等.

在命题 3)与命题 5)中,一个命题的条件和结论分别是另一个命题的条件和结论的否定,这样的两个命题叫作互否命题. 如果把其中的一个命题叫作原命题,那么另一个命题叫原命题的否命题.

在命题 3)与命题 6)中,一个命题的条件和结论分别是另一个命题的结论和条件的否定,这样的两个命题叫作互为逆否命题. 如果把其中的一个命题叫作原命题,那么另外一个命题叫作原命题的逆否命题.

在 3)4)5)6)四个命题中,把 3)作为原命题,那么 4)是 3)的逆命题,5)是 3)的否命题,6)是 3)的逆否命题.

一般地,如果用 p 和 q 分别表示原命题的条件和结论,用 $\neg p$ 和 $\neg q$ 分别表示 p 和 q 的否定,那么四种命题的形式就是:

原命题　若 p,则 q;

逆命题　若 q,则 p;

否命题　若 $\neg p$,则 $\neg q$;

逆否命题　若 $\neg q$,则 $\neg p$.

例　把下列命题写成"若 p,则 q"的形式,并写出它们的逆命题、否命题、逆否命题:

(1)末位是 2 的整数能被 2 整除;

(2)对顶角相等.

解:(1)原命题:若一个整数的末位是 2,则这个数能被 2 整除.

逆命题:若一个整数能被 2 整除,则这个数的末位是 2.

否命题:若一个整数的末位不是 2,则这个数不能被 2 整除.

逆否命题:若一个整数不能被 2 整除,则这个数的末位不是 2.

(2)原命题:如果两个角是对顶角,那么这两个角相等.

逆命题:如果两个角相等,那么这两个角是对顶角.

否命题:如果两个角不是对顶角,那么这两个角不相等.

逆否命题:如果两个角不相等,那么这两个角不是对顶角.

1. 把下列命题写成"若 p,则 q"的形式,并写出它们的逆命题、否命题、逆否命题:

（1）同位角相等；

（2）末位是 9 的数能被 3 整除；

（3）全等三角形一定是相似三角形．

2. 写出下列命题的逆命题、否命题、逆否命题：

（1）若 $m \geqslant 2$，则 $m + 3 \geqslant 6$；

（2）若 $m \geqslant 0$，则 $x^2 - 2x + m = 0$ 没有实数根；

（3）$\triangle ABC$ 中，如果 $\angle A = 90°$，那么 $a^2 = b^2 + c^2$．

17.1.3 四种命题间的相互关系

原命题、逆命题、否命题、逆否命题是相对的，把其中一个命题叫作原命题，其他三个命题就分别叫作这个命题的逆命题、否命题、逆否命题．

这四种命题之间的关系如图 7-1 所示．

在初中我们就知道，原命题为真命题时，其逆命题不一定为真命题．一般地，一个命题的真假与其他三个命题的真假有如下关系．

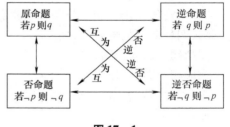

图 17-1

1）原命题为真命题时，其逆命题不一定为真命题．例如，命题"对顶角相等"是真命题，但它的逆命题"相等的角是对顶角"是假命题．

2）原命题为真命题时，其否命题不一定为真命题．例如，命题"对顶角相等"是真命题，但它的否命题"不是对顶角的角不相等"是假命题．

3）原命题为真命题时，其逆否命题一定为真命题．例如，命题"对顶角相等"是真命题，它的逆否命题"不相等的角不是对顶角"也是真命题．

例 写出下列命题的逆命题、否命题、逆否命题，并判断它们的真假：

（1）如果 $m = 0$，则 $mn = 0$；

（2）当 $m > 0$ 时，如果 $a < b$，则 $ma < mb$；

（3）如果 $m \geqslant 0$ 或 $n \geqslant 0$，则 $m + n \geqslant 0$．

解：（1）逆命题：如果 $mn = 0$，则 $m = 0$．这是个假命题．

否命题：如果 $m \neq 0$，则 $mn \neq 0$．这是个假命题．

逆否命题：如果 $mn \neq 0$，则 $m \neq 0$．这是个真命题．

（2）逆命题：当 $m > 0$ 时，如果 $ma < mb$，则 $a < b$．这是个真命题

否命题：当 $m > 0$ 时，如果 $a \geqslant b$，则 $ma \geqslant mb$．这是个真命题．

逆否命题：当 $m > 0$ 时，如果 $ma \geqslant mb$，则 $a \geqslant b$．这是个真命题．

（3）逆命题：如果 $m+n \geq 0$，则 $m \geq 0$ 或 $n \geq 0$．这是个真命题．

否命题：如果 $m < 0$ 且 $n < 0$，则 $m+n < 0$．这是个真命题．

逆否命题：如果 $m+n < 0$，则 $m < 0$ 且 $n < 0$．这是个假命题．

注意"$m \geq 0$ 或 $n \geq 0$"的否定形式是"$m < 0$ 且 $n < 0$"．

1. 写出下列命题的逆命题、否命题、逆否命题，并判断它们的真假：

（1）如果 $x+3$ 是无理数，那么 x 是无理数；

（2）两条对角线相等的四边形是矩形；

（3）如果 $m < 0$，则 $m < 1$．

2. 判断下列命题的真假：

（1）命题"如果 $a^2+b^2 = 0$，那么 $a = 0$ 且 $b = 0$"的逆命题与逆否命题；

（2）命题"如果 x 是偶数或 y 是偶数，那么 $x+y$ 是偶数"的否命题与逆否命题．

17.2　充分条件和必要条件

17.2.1　充分条件和必要条件的概念

前面我们学习了"若 p，则 q"形式的命题，其中有真命题，也有假命题．"若 p，则 q"是真命题，是指由 p 成立，可以推出 q 成立，也就是说只要 p 成立，q 就一定成立，记为 $p \Rightarrow q$，或 $q \Leftarrow p$．

如果由 p 成立，推不出 q 成立，则命题"若 p，则 q"为假命题，记为 $p \nRightarrow q$．

例如，命题"如果 $a = 0$，那么 $a^2 = 0$"是一个真命题，可以写成：

$$a = 0 \Rightarrow a^2 = 0.$$

命题"同位角相等，两条直线平行"也是一个真命题，可以写成：

$$同位角相等 \Rightarrow 两条直线平行.$$

一般地，"若 p，则 q"为真命题，是指由 p 通过推理可以得到 q，这时我们就说，由 p 可推出 q，记作 $p \Rightarrow q$，并且说 p 是 q 的充分条件，q 是 p 的必要条件．

例 1　下列"若 p，则 q"形式的命题中，哪些命题中的 p 是 q 的充分条件？

（1）若 $x = 1$，则 $x^2 - 4x + 3 = 0$；

（2）若 $f(x) = x$，则 $f(x)$ 在 $(-\infty, +\infty)$ 上为增函数；

（3）若 x 为无理数，则 x^2 为无理数．

解:命题(1)(2)是真命题,命题(3)是假命题.所以,命题(1)(2)中的 p 是 q 的充分条件.

如果"若 p,则 q"为假命题,那么由 p 推不出 q,记作 $p \not\Rightarrow q$,此时我们说, p 不是 q 的充分条件, q 不是 p 的必要条件.例如,例 1 中的命题(3)是假命题,那么 x 为无理数 $\not\Rightarrow x^2$ 为无理数,所以" x 为无理数"不是" x^2 为无理数"的充分条件," x^2 为无理数"不是" x 为无理数"的必要条件.

例 2　下列"若 p,则 q"形式的命题中,哪些命题中的 q 是 p 的必要条件?

(1)若 $x = y$,则 $x^2 = y^2$;

(2)若两个三角形全等,则这两个三角形的面积相等;

(3)若 $a > b$,则 $ac > bc$.

解:命题(1)(2)是真命题,命题(3)是假命题.所以,命题(1)(2)中的 q 是 p 的必要条件.

习题演练

1. 用符号用" $\Rightarrow$ "" $\not\Rightarrow$ ",填空:

(1) $x^2 = y^2$ ＿＿＿＿＿ $x = y$;

(2)内错角相等＿＿＿＿＿两直线平行;

(3)整数 a 能被 b 整除＿＿＿＿＿ a 的个位数字为偶数;

(4) $ac = bc$ ＿＿＿＿＿ $a = b$.

2. 下列"若 p,则 q"形式的命题中,哪些命题中的 p 是 q 的充分条件?

(1)若两条直线的斜率相等,则这两条直线平行;

(2)若 $x > 5$,则 $X > 10$.

3. 下列"若 p,则 q"形式的命题中,哪些命题中的 q 是 p 的必要条件?

(1)若 $a + 5$ 是无理数,则 a 是无理数;

(2)若 $(x - a)(x - b) = 0$,则 $x = a$.

4. 判断下列命题的真假:

(1) $x = 2$ 是 $x^2 - 4x + 4 = 0$ 的必要条件;

(2)圆心到直线的距离等于半径是这条直线为圆的切线的必要条件;

(3) $\sin \alpha = \sin \beta$ 是 $\alpha = \beta$ 的充分条件;

(4) $ab \neq 0$ 是 $a \neq 0$ 的充分条件.

17.2.2　充要条件

知识链接

【思考】已知 p 为"整数 a 是 b 的倍数", q 为"整数 a 是 2 和 3 的倍数".那么 p 是 q 的什么条件? q 又是 p 的什么条件?

在上述问题中, $p \Rightarrow q$,所以 p 是 q 的充分条件, q 是 p 的必要条件.另一方面, $q \Rightarrow p$,所以

p 也是 q 的必要条件, q 也是 p 的充分条件.

一般地,如果既有 $p\Rightarrow q$, 又有 $q\Rightarrow p$, 就记作 $p\Leftrightarrow q$. 此时,我们说, p 是 q 的充分必要条件,简称充要条件. 显然,如果 p 是 q 的充要条件,那么 q 也是 p 的充要条件. 概括地说,如果 $p\Leftrightarrow q$, 那么 p 与 q 互为充要条件.

例　指出下列各组命题中, p 是 q 的什么条件(在"充要条件""充分而不必要条件""必要而不充分条件""既不充分也不必要条件"中选择一种)?

(1) p　a 是 7 的倍数,　　　　q　a 是 28 的倍数;

(2) p　$a\notin\mathbf{Z}$,　　　　　　q　$a\notin\mathbf{N}$;

(3) p　$a=0$,　　　　　　　q　$ab=0$;

(4) p　$x+3$ 是无理数,　　　q　x 是无理数.

解:(1) a 是 7 的倍数 $\not\Rightarrow a$ 是 28 的倍数,

　　a 是 28 的倍数 $\Rightarrow a$ 是 7 的倍数,

所以,"a 是 7 的倍数"是"a 是 28 的倍数"的必要而不充分条件.

(2) $a\notin\mathbf{Z}\Rightarrow a\notin\mathbf{N}$,

　　$a\notin\mathbf{N}\not\Rightarrow a\notin\mathbf{Z}$,

所以,"$a\notin\mathbf{Z}$"是"$a\notin\mathbf{N}$"的充分而不必要条件.

(3) $a=0\Rightarrow ab=0$,

　　$ab=0\not\Rightarrow a=0$,

所以,"$a=0$"是"$ab=0$"的充分而不必要条件.

(4) $x+3$ 是无理数 $\Rightarrow x$ 是无理数,

　　x 是无理数 $\Rightarrow x+3$ 是无理数,

所以,"$x+3$ 是无理数"是"x 是无理数"的充要条件.

1. 指出下列各组命题中, p 是 q 的什么条件, q 是 p 的什么条件:

(1) p　a 是 7 的约数, q　a 是 28 的约数;

(2) p　$a\in\mathbf{N}, q: \in\mathbf{Z}$;

(3) p　四边形的两条对角线相等, q:四边形是矩形;

(4) p　$b^2-4ac=0$, q　$ax^2+bx+c=0(a\neq 0)$ 有两个相等的实数根.

2. 用"$\Rightarrow$"、"$\not\Rightarrow$""$\Leftrightarrow$"填空:

(1) $x>2$ _____ $x>0$;

(2) $a>b$ _____ $a-x>b-x$;

(3) $x=y$ _____ $x^2=y^2$;

(4) $x<2$ _____ $x<5$;

(5) $a\notin\mathbf{Z}$ _____ $a\notin\mathbf{Q}$.

3. 指出下列各组命题中，p 是 q 的什么条件(在"充要条件""必要而不充分条件""充分而不必要条件""既不充分也不必要条件"中选择一种)?

(1)p　a 是 7 的倍数，q　a 是 35 的倍数；

(2)p　$a \in \mathbf{Z}$，q　$a \in \mathbf{R}$；

(3)p　$a + l = 0$，q　$(a + l)(b - 3) = 0$；

(4)p　$a = b$，q　$a^2 - 2ab + b^2 = 0$；

(5)p　$a = 0$，q　$b - 3 = 0$.

17.3 逻辑联结词

看下列句子：

1)她擅长弹琴，且擅长跳舞；

2)他是班长或团支书；

3)12 可以被 3 或 4 整除；

4)矩形的两条对角线相等且互相平分；

5)0.3 非自然数.

这些语句中含有"或""且""非"等词，1)是由"她擅长弹琴""她擅长跳舞"这两个命题用"且"联结而成；2)是由"他是班长""他是团支书"用"或"联结而成；3)是由"12 可以被 3 整除""12 可以被 4 整除"用"或"联结而成；4)是由"矩形的两条对角线相等""矩形的两条对角线互相平分"用"且"联结而成；其中"或""且"两个词，在学习交集、并集时，都已经用过.5)中的"非"是否定的意思，表示对 0.3 是自然数的否定.这样的语句也可以判断真假，也是命题，但是这些命题比 1)2)3)三个命题复杂.

我们把"或""且""非"这些词叫作逻辑联结词.

不含逻辑联结词的命题，叫作简单命题.

含逻辑联结词的命题，叫作复合命题.

我们常常用小写的拉丁字母 p，q，r，… 表示简单命题，那么复合命题的构成形式分别是：

1)p 或 q；

2)p 且 q；

3)非 p.(非 p 叫作命题 p 的否定)

一般地，用联结词"且"把命题 p 和命题 q 联结起来，就得到一个新命题，记作 $p \wedge q$，读作"p 且 q".命题 $p \wedge q$ 的真假如何确定呢?

我们规定：当 p，q 都是真命题时，$p \wedge q$ 是真命题；当 p，q 两个命题中有一个命题是假命题时，$p \wedge q$ 是假命题.

一般地，用联结词"或"把命题 p 和命题 q 联结起来，就得到一个新命题，记作 $p \vee q$，读作"p 或 q".命题 $p \vee q$ 的真假如何确定呢?

我们规定：当 p，q 两个命题中有一个是真命题时，$p \vee q$ 是真命题；当 p，q 两个命题都是假命题时, $p \lor q$ 是假命题.

一般地,对一个命题 p 全盘否定,就得到一个新命题,记作 $\neg p$,读作"非 p"或" p 的否定". 既然命题 $\neg p$ 是 p 的否定,那么 $\neg p$ 与 p 不能同时为真命题,也不能同为假命题. 也就是说,若 p 是真命题,则 $\neg p$ 必是假命题;若 p 是假命题,则 $\neg p$ 必是真命题.

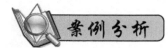

例 1　判断下列语句是否是命题:

(1)中国的幼儿师范学校;

(2) $5 \in \mathbf{R}$;

(3) $2 \neq 0$;

(4) $x < 0$;

(5) $A \cap A = A$;

(6)"校园里的大树"可以组成一个集合.

解:(1)(4)无法判断真假,不是命题;其余几个语句都能判断真假,都是命题.

例 2　分别指出下列复合命题的形式及构成它的简单命题:

(1)这一本书中不仅有错别字,而且缺少三页;

(2)李平既是三好学生,又是优秀干部;

(3)6 是 12 或 24 的约数;

(4)5 不是 14 的约数;

(5) $0.5 \in \mathbf{Q}$,或 $0.5 \in \mathbf{R}$.

解:(1)这个命题是" p 且 q "的形式,其中

p　这一本书中有错别字,

q　这一本书中缺少三页.

(2)这个命题是" p 且 q "的形式,其中

p　李平是三好学生,

q　李平是优秀干部.

(3)这个命题是" p 或 q "的形式,其中

p　6 是 12 的约数,

q　6 是 24 的约数.

(4)这个命题是"非 p "的形式,其中

p　5 是 14 的约数.

(5)这个命题是" p 或 q "的形式,其中

p　 $0.5 \in \mathbf{Q}$,

q　 $0.5 \in \mathbf{R}$.

1. 判断下列语句是不是命题:

(1)2 是 3 的倍数；

(2)0 是偶数；

(3)"中国的有钱人"可以组成一个集合；

(4)他是个好人；

(5)∅ = {0}；

(6)3 ∈ **Z**；

(7)∅ ⊆ *A*；

(8)这个人很帅.

2. 分别指出下列复合命题的形式及构成它的简单命题：

(1)小李是公务员,小陈也是公务员；

(2)刘德华既是演员,又是歌手；

(3)12 是 3 或 4 的倍数；

(4)白求恩不是中国人；

(5)方程 $x^2 + 1 = 0$ 没有实数根；

(6)方程 $x^2 = 4$ 的根是 $x = 2$ 或 $x = -2$.

17.4 推 理

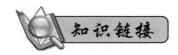

一、推理的概念

根据一个或几个已知事实(或假设)得出一个判断,这种思维方式叫推理. 推理一般由两部分组成:前提和结论. 我们把已知的事实(或假设)叫推理的前提,推得的新的判断叫推理的结论.

演绎推理、归纳推理、类比推理是常见的推理形式.

二、演绎推理

在生活、学习、工作中,我们常常会以某些一般性的结论、判断为前提,得出一些个别的、具体的结论. 例如:所有能被 2 整除的数都是偶数,8 能被 2 整除,所以 8 是偶数.

我们把这种"从一般性的原理出发,推出某个特殊情况下的结论"的推理称为演绎推理.

简言之,演绎推理是由一般到特殊的推理.

例子中的演绎推理有三段,第一段(所有能被 2 整除的数都是偶数)叫大前提,是已知的一般性原理;第二段(8 能被 2 整除)叫小前提,是所研究的特殊情况;第三段(所以 8 是偶数)是结论,是根据一般原理,对特殊情况作出的判断. 这种"三段论"的形式(由亚里士多德建立的)是演绎推理的主要形式,同时它也是一种最常用的推理规则,是演绎推理的一般模式.

三、归纳推理

在生活或学习中,我们常常根据所看到的某种现象(或部分现象)推测出某些结论,如劳动人民在长期生产实践中总结出来的谚语"鸡不入笼有大雨""冬早夏淋,夏热冬寒""瑞雪兆丰年"等,都是根据生活中多次重复的事例而概括出来的,这个过程就是归纳推理的过程.

由某类事物的部分对象具有某些特征,推出该类事物的全部对象都具有这些特征的推理,或者由个别事实概括出一般结论的推理,称为归纳推理(简称归纳).归纳推理又叫归纳法,是一种间接推理,它是从个别性的知识推出一般性的知识的推理.简言之,归纳推理是由部分到整体、由个别到一般的推理,归纳推理的前提是一些关于个别事物或现象的命题,而结论则是关于该类事物或现象的普遍性命题.

和演绎推理一样,归纳推理也是一种重要的思维形式,是人们认识事物所经常采用的方法.

例如,人们通过长期的观察得出,大多数生物的活动具有规律性,如鸡叫三遍天亮,牵牛花破晓开放,青蛙冬眠春晓,大雁春来秋往等.

1. 归纳推理的特点

1)归纳推理是依据个别或特殊现象推断出某些事物或现象的普遍性命题,因而由归纳所得出的结论超越了前提所包容的范围.

2)归纳是依据若干已知的、局部的、有限的现象,推断未知的、全部的、无限的结论,因而结论具有猜测的性质.

3)归纳的前提是特殊的情况,所以归纳是立足于观察、经验或实验的基础上的.

归纳推理的结论所断定的知识范围超出了前提所断定的知识范围,因此归纳推理的前提与结论之间的联系不是必然性的,而是或然性的.也就是说,前提为真的情况下,结论可能是假的.所以,归纳推理是一种或然性推理.

例如,我国古医书《内经·针刺》中记载:有个患头疼病的樵夫上山砍柴,不小心碰破了脚趾,但头不疼了.后来,头痛病复发,他又无意碰破了那个脚趾,头又不疼了.以后但凡头痛病发作,他都刺破那个脚趾上的同一部位,结果都很有效.原来,脚趾的这一部位是治疗头痛病的一个穴位"大敦".这位樵夫在治疗自己头痛病的过程中,就是运用了归纳推理.但是这样的结论也许会错,"守株待兔"就是这样的例子,某人某天在树下看到一只撞死在树旁的兔子,就归纳出"每天都有兔子撞死在树旁"的结论,显然是不正确的.

虽然由归纳推理得出的结论有真有假,但是我们可以通过探索事物的规律,归纳出一些猜想或假设,而后再通过严格的证明说明猜想或假设的正确性,进而达到认识事物、把握规律的目的.所以,归纳推理在科学研究方面具有重要价值.

2. 运用归纳推理时的一般步骤

1)通过观察个别情况发现某些相同性质.

2)从已知的相同性质中推出一个明确表达的一般性命题(猜想).

归纳推理的思维过程大致如下.

例 观察下面由奇数组成的数阵,回答下列问题:

(1)求第 6 行的第一个数;

(2)求第 20 行的第一个数.

解:根据上述数阵可以发现:数字是按照首项是 1,公差是 2 的等差数列进行排列;每一行数字的个数是按照首项是 1,公差是 1 的等差数列进行排列.

因此,第 6 行的第一个数在数字中的位置是 $1+2+3+4+5+1=16$. 所以第 6 行的第一个数是 $1+(16-1)\times 2=31$.

第 20 行的第一个数在数字中的位置是 $\dfrac{1+19}{2}\times 19+1=191$. 所以第 20 行的第一个数是 $1+(191-1)\times 2=381$.

四、类比推理

我国民间广泛地流传着一个关于鲁班的传说.鲁班是春秋时鲁国的巧匠,传说他有一次承造一座大宫殿,需要很多木材,他叫徒弟上山伐树.当时还没有锯子,都是用斧子砍.由于砍得太慢,木料总是供应不上,鲁班很着急,就亲自上山去检查.山很陡,上山必须用手抓住树根、杂草,一步步地攀登上去.他在爬山的时候,一只手拉着丝茅草,一下子就把手指划破了,不停地流血.鲁班非常惊奇,一根小草为什么这样厉害?鲁班一时也想不出道理来.在回家的路上,他摘下一棵丝茅草带回去研究,他发现丝茅草的两边有许多小细齿,这些小细齿很锋利,用手指去划丝茅草,立刻就拉破一道口子.这一下提醒了鲁班,他想,如果像丝茅草那样,打造有齿的铁片,不就可以伐树了吗?他和铁匠一起试制后拿去锯树,果然成功了.鲁班从丝茅草两边有锋利的小齿会划破人的手指这一现象,联想到按照丝茅草的形状打造铁片就可以锯树,这里使用的就是类比推理.

由两类对象具有某些类似特征和其中一类对象的某些已知特征,推出另一类对象也具有这些特征的推理称为类比推理(简称类比).简言之,类比推理是由特殊到特殊的推理.

类比推理能启发思想、触类旁通,对于科学发现和发明有着重要的作用.科学上的许多重要理论,最初都是通过类比推理而受到启发的.例如,17 世纪荷兰物理学家和数学家惠更斯比较声现象和光现象,发现它们有许多相同的属性,如都服从一种直线传播规律、反射规律、折射规律和干涉规律等.又通过实验证明,声是一种周期运动引起的,于是惠更斯按类比推理得出结论"光也是由这种周期运动引起的",这就是通过类比推理提出的著名的光波概念的假说. 再如,氦元素的发现也是应用了类比推理的结果. 科学家先发现太阳上有一种新元素,叫氦. 由于太阳上的其他化学元素地球上都有,科学家们由此推测地球上也可能有氦,后来果然在地球上找到了这种元素.

20 世纪 60 年代产生了一种新的科学叫"仿生学". 这门科学是模仿自然界中的某些生物的结构、特征及其功能,研制出精密的科学仪器. 迄今为止,已有仿人脑的"电脑"、仿人的"机器人",仿耳朵的"声呐",仿眼睛的"红外线探测器""电子鸽眼""电子鹰眼"等,都是利用类比推理的结果.

1. 类比推理的特点

1)类比是从人们已经掌握了的事物的属性,推测正在研究中的事物的属性,它以旧的认识作基础,类比出新的结果.

2)类比是从一种事物的特殊属性推测另一种事物的特殊属性.

3)类比的结果是猜测性的,不一定可靠,但它却具有发现的功能.

2. 运用类比推理时的一般步骤

1)找出两类事物之间的相似性或一致性.

2)用一类事物的性质去推测另一类事物的性质,得出一个明确的命题(猜想).

类比推理的思维过程大致如下.

观察、比较　→　联想、类推　→　猜测新的结论

类比作为一种推理方法,它既不同于归纳推理也不同于演绎推理,它是某种类型的迁移性、相似性的推理方式. 应用类比可以在两个不同的知识领域之间实现知识的过渡,因此人们常常把类比方法誉为理智的桥梁,是信息转移的桥梁. 经常有这样的情况:长时间沉思于某一问题而未得解决,然而在某一时刻,在其沉思圈子之外有一个信息起了很大的启发作用,触发信息的过渡,使问题得以解决. 这往往得益于类比正如康德所说:"每当理解缺乏可靠论证的思路时,类比,这个方法往往能指引我们前进." 类比的特性是:两个对象的某些属性是相同的,或者表面上毫无共同之处,只是在某种观点上或某一抽象层次上是相似的,它的结论不是简单的模仿、复制,而是创造性地设想.

案例分析

小光和小明是一对孪生兄弟,刚上小学一年级. 一次,他们的爸爸带他们去密云水库游玩,看到了野鸭子. 小光说:"野鸭子吃小鱼." 小明说:"野鸭子吃小虾." 哥俩说着说着就争论起来,非要爸爸给评评理. 爸爸知道他们俩说得都不错,但没有直接回答他们的问题,而是用例子来进行比喻. 说完后,哥俩都服气了.

以下哪项最可能是爸爸讲给儿子们听的话?

A. 一个人的爱好是会变化的. 爸爸小时候很爱吃糖,你奶奶管也管不住. 到现在,你让我吃我都不吃.

B. 什么事儿都有两面性. 咱们家养了猫,耗子就没了. 但是,如果猫身上长了跳蚤也是很讨厌的.

C. 动物有时也通人性. 有时主人喂它某种饲料吃得很好,若是陌生人喂,怎么也不吃.

D. 你们兄弟俩的爱好几乎一样,只是对饮料的爱好不同. 一个喜欢可乐,一个喜欢雪碧. 你妈妈就不在乎,可乐、雪碧都行.

解:最有可能是爸爸讲给儿子们听的话是 D. 在 D 选项中爸爸巧妙地将属性相同的两个孩子和妈妈的不同爱好类比野鸭子喜欢吃小鱼还是小虾.

1. 一家有五个兄弟,都事业有成,他们分别当上了水果店老板、理发店老板、蔬菜店老板、烟酒经销商和公司职员,如果知道:

(1)水果店老板不是老三,也不是老四;

(2)烟酒经销商不是老四,也不是老大;

(3)老三和老五住在同一栋公寓,隔壁是公司职员的家;

(4)老三娶理发店老板的女儿时,老二是他们的媒人;

(5)老大和老三有空时,就和蔬菜店老板、水果店老板打牌;

(6)每隔几天,老四和老五一定要到理发店修脸;

(7)公司职员则一向自己刮胡子,从来不去理发店.

那么,你知道这五个人分别是什么职业吗?

2. 甲、乙、丙三人是同班同学,其中一个是班长,一个是学习委员,一个是体育委员. 现在可以知道丙比体育委员年龄大,学习委员比乙年龄小,甲和学习委员不同岁. 你知道他们三个人分别担任什么职务吗?

3. 幼儿园有六个小朋友,一天老师走进教师时,发现花瓶被打碎了. 于是问六个小朋友是谁打碎的花瓶.

小一:是小六打碎的.

小二:小一说得对.

小三:小一、小二和我没有打碎花瓶.

小四:反正不是我.

小五:是小一打碎的花瓶,所以不可能是小二或小三.

小六:是我打碎的花瓶,小二是无辜的.

六个小朋友都很害怕,所以他们每个人说的话都是假话,那么是谁打碎了花瓶呢(不一定是一个人)?

4. 老师在手上用碳素笔写了 A、B、C、D 四个人中的一个人的名字,他握紧手,对他们四人说:"你们猜猜我手中写了谁的名字?"

A 说:是 C 的名字.

B 说:不是我的名字.

C 说:不是我的名字.

D 说:是 A 的名字.

四人猜完后,老师说:"你们四人中只有一个人猜对了,其他三个人都猜错了."

四人听了后,都很快猜出老师手中写的是谁的名字了.

你知道老师手中写的是谁的名字吗?

5. 在一场百米赛跑中,明明得了倒数第一名,他告诉妈妈这样的情形:

(1)丙没有获得第一名;

(2)戊比丁高两个名次,但戊不是第二名;

(3)甲不是第一名也不是最后一名;

(4)丙比乙高了一个名次.

你能判断出甲、乙、丙、丁和戊中谁是明明吗?

本 章 小 结

一、知识结构图

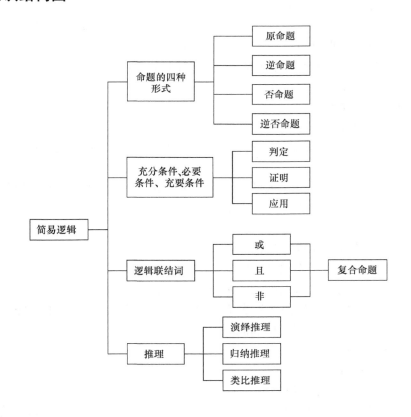

二、回顾与思考

1. 四种命题的关系及表示形式.

2. 充分条件、必要条件与充要条件之间的关系.

3. 逻辑关系词"或""且""非"表达的含义.

4. 会运用演绎推理、归纳推理、类比推理判定生活中的推理问题.

复 习 题

1. 判断

"3 是 12 的约数"是命题. (　　　)

2. 若命题 p 的逆命题是 q，命题 q 的否命题是 r，则 p 是 r 的(　　　).

　　A. 逆命题　　　　　B. 逆否命题　　　　　C. 否命题　　　　　D. 以上判断都不对

3. 甲、乙、丙、丁四个人在议论一位明星的年龄.

甲说:她不会超过 25 岁.

乙说:她不超过 30 岁.

丙说:她绝对在 35 岁以上.

丁说:她的岁数在 40 岁以下.

那么下列正确的是(　　　).

A. 甲说得对　　　　　　　　　　　　　　　B. 她的年龄在 40 岁以上

C. 她的年龄在 35 到 40 岁之间　　　　　　D. 丁说得对

4. 已知 p、q 都是 r 的必要条件，s 是 r 的充分条件，q 是 s 的充分条件，那么:

(1) s 是 q 的什么条件;

(2) r 是 q 的什么条件;

(3) p 是 q 的什么条件.

5. 如果 A 是 B 的必要不充分条件，B 是 C 的充要条件，D 是 C 的充分不必要条件，那么 D 是 A 的什么条件?

6. 在桌子上放着 A、B、C、D 四个盒子. 每个盒子上都有一张纸条，分别写着一句话.

A 盒子上写着:所有的盒子里都有水果.

B 盒子上写着:本盒子里有香蕉.

C 盒子上写着:本盒子里没有梨;

D 盒子上写着:有些盒子里没有水果.

如果这里只有一句话是真的,你能断定哪个盒子里有水果吗?

7. 老师对三个学生说:"你们在这次语文、数学、英语考试中,取得了很好的成绩,并且你们三个各有一门成绩获得满分,你们能猜出来吗?"

甲想了想说:"我语文考满分."

乙说:"丙考满分的应该是数学."

丙说:"我考满分的不是英语."

老师说:"你们刚才的猜测中只有一个人是正确的,其实有一门成绩,你们三个人中,有两个人都是满分."

你能判断出这三名学生的哪一门成绩考了满分吗?

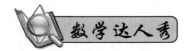

　　希尔伯特(1862—1943),德国数学家,生于东普鲁士哥尼斯堡(苏联加里宁格勒)附近的韦劳. 中学时代,希尔伯特就是一名勤奋好学的学生,对于科学特别是数学表现出浓厚的兴趣,善于灵活和深刻地掌握以及应用老师讲课的内容. 1880 年,他不顾父亲让他学法律的意愿,进入哥尼斯堡大学攻读数学. 1884 年获得博士学位,后来又在这所大学里取得讲师资格和升任副教授. 1893 年被任命为正教授,1895 年转入格廷根大学任教授,此后一直在格廷根生活和工作,于 1930 年退休. 在此期间,他成为柏林科学院通讯院士,并曾获得施泰讷奖、罗巴切夫斯基奖和波约伊奖. 1930 年获得瑞典科学院的米塔格－莱福勒奖,1942 年成为柏林科学院荣誉院士. 希尔伯特是一位正直的科学家,第一次世界大战前夕,他拒绝在德国政府为进行欺骗宣传而发表的《告文明世界书》上签字. 战争期间,他敢于公开发表文章悼念"敌人的数学家"达布. 希特勒上台后,他抵制并上书反对纳粹政府排斥和迫害犹太科学家的政策. 由于纳粹政府的反动政策日益加剧,许多科学家被迫移居国外,曾经盛极一时的格廷根学派衰落了,希尔伯特也于 1943 年在孤独中逝世.

　　希尔伯特是对 20 世纪数学有深刻影响的数学家之一. 他领导了著名的格廷根学派,使格廷根大学成为当时世界数学研究的重要中心,并培养了一批对现代数学发展作出重大贡献的杰出数学家. 希尔伯特的数学工作可以划分为几个不同的时期,每个时期他几乎都集中精力研究一类问题. 按时间顺序,他的主要研究内容有不变式理论、代数数域理论、几何基础、积分方程、物理学、一般数学基础,其间穿插的研究课题有狄利克雷原理和变分法、华林问题、特征值问题、"希尔伯特空间"等. 在这些领域中,他都作出了重大的或开创性的贡献. 希尔伯特认为,科学在每个时代都有它自己的问题,而这些问题的解决对于科学发展具有深远意义. 他指出:"只要一门科学分支能提出大量的问题,它就充满着生命力,而问题缺乏则预示着独立发展的衰亡和终止." 在 1900 年巴黎国际数学家代表大会上,希尔伯特发表了题为《数学问题》的著名讲演. 他根据过去特别是 19 世纪数学研究的成果和发展趋势,提出了 23 个最重要的数学问题. 这 23 个问题通称希尔伯特问题,后来成为许多数学家力图攻克的难关,对现代数学的研究和发展产生了深刻的影响,并起了积极的推动作用,希尔伯特问题中有些现已得到圆满解决,有些至今仍未解决. 他在讲演中所阐发的相信每个数学问题都可以解决的信念,对于数学工作者是一种巨大的鼓舞. 他说:"在我们中间,常常听到这样的呼声,这里有一个数学问题,去找出它的答案!你能通过纯思维找到它,因为在数学中没有不可知."三十年后,1930 年在接受哥尼斯堡荣誉市民称号的讲演中,针对一些人信奉的不可知论观点,他再次满怀信心地宣称:"我们必须知道,我们必将知道."希尔伯特的《几何基础》(1899)是公理化思想的代表作,书中把欧几里得几何学加以整理,成为建立在一组简单公理基础上的纯粹演绎系统,并开始探讨公理之间的相互关系与研究整个演绎系统的逻辑结构.1904 年,又着手研究数学基础问题,经过多年酝酿,于 20 世纪年代初,提出了如何论证数论、集合论或数学分析一致性的方案.他建议从若干形式公理出发将数学形式化为符号语言系统,并从不假定实无穷的有穷观点出发,建立相应的逻辑系统.然后再研究这个形式语言系统的逻辑性质,从而创立了元数学和证明论.希尔伯特的目的是试图对某一形式语言系统的无矛盾性给出绝对的证明,以便克服悖论所引起的危机,一劳永逸地消除对数学基础以及数学推理方法可靠性的怀疑.然而,1930 年年青的奥地利数理逻辑学家哥德尔获得了否定的结果,证明了希尔伯特方案是不可能实现的.但正如哥德尔所说,希尔伯特有关数学基础的方案"仍不失其重要性,并继续引起人们的高度兴趣".希尔伯特的著作有《希尔伯特全集》(三卷,其中包括他的著名的《数论报告》)、《几何基础》《线性积分方程一般理论基础》等,与其他合著有《数学物理方法》《理论逻辑基础》《直观几何学》《数学基础》.

参考文献

[1] 薛金星. 小学数学基础知识手册[M]. 北京:北京教育出版社,2011.

[2] 薛金星. 小学数学教材课内外知识现用现查[M]. 北京:北京教育出版社,2006.

[3] 薛金星. 初中数学基础知识手册[M]. 北京:北京教育出版社,2010.

[4] 李淑贤. 幼儿数学教育理论与实践[M]. 长春:东北师范大学出版社,1994.

[5] 张俊,马柳新. 0~6岁小儿数学教育[M]. 上海:上海科学技术出版社,2004.

[6] 石美霞. 0~6岁数学能力培养[M]. 北京:人民日报出版社,2008.

[7] 徐青,刘昕,高晓敏. 学前儿童数学教育[M]. 北京:高等教育出版社,2011.

[8] 孔宝刚. 数学(合订本)[M]. 上海:复旦大学出版社,2010.

[9] 陈水林,黄伟祥. 数学[M]. 武汉:湖北科学技术出版社,2007.

[10] (美)G波利亚. 怎样解题——数学思维的新方法[M]. 涂泓,冯承天,译. 上海:上海科技教育出版社,2011.

[11] 程帆. 爱上数学——趣味数学故事90篇[M]. 长春:吉林出版集团有限责任公司,2010.

[12] 李毓佩. 数学学习故事[M]. 北京:海豚出版社,2007.

[13] 杨志敏. 数学[M]. 北京:高等教育出版社,2012.

[14] 朱华伟. 小学数学培优竞赛讲座[M]. 北京:中国少年儿童新闻出版总社,2011.

[15] 于雷. 北大清华学生爱做的400个思维游戏[M]. 北京:中央编译出版社,2009.

[16] 谈祥柏. 登上智力快车[M]. 北京:中国少年儿童新闻出版总社,2012.

[17] 谈祥柏. 故事中的数学[M]. 北京:中国少年儿童新闻出版总社,2012.

[18] 马希文. 数学花园漫游记[M]. 北京:中国少年儿童新闻出版总社,2012.

[19] 加里·西伊,苏珊娜·努切泰利. 逻辑思维简易入门[M]. 廖备水,雷丽赟,冯立荣,译. 北京:机械工业出版社,2013.

[20] 李毓佩. 数学大世界[M]. 武汉:湖北少年儿童出版社,2013.